全国高等职业技术院校化工类专业教材

化工识图与 CAD 习题册

中国劳动社会保障出版社

简介

本习题册与全国高等职业技术院校化工类专业教材《化工识图与 CAD》配套使用。本习题册按教材分章节编写，有多种题型，供学生课后练习使用。综合实训供学生学习完《化工识图与 CAD》教材后进行综合绘图练习时使用。

本习题册由周学旭主编，臣照忠主审，吕云武参审。

图书在版编目(CIP)数据

化工识图与 CAD 习题册/人力资源和社会保障部教材办公室组织编写. —北京：中国劳动社会保障出版社，2012

全国高等职业技术院校化工类专业教材

ISBN 978-7-5045-9699-4

Ⅰ.①化… Ⅱ.①人… Ⅲ.①化工设备-识图-高等职业教育-习题集②AutoCAD 软件-高等职业教育-习题集 Ⅳ.①TQ050.2-44②TP391.72-44

中国版本图书馆 CIP 数据核字(2012)第 087291 号

中国劳动社会保障出版社出版发行

（北京市惠新东街 1 号　邮政编码：100029）

出 版 人：张梦欣

*

北京隆昌伟业印刷有限公司印刷装订　新华书店经销

787 毫米×1092 毫米　16 开本　5 印张　117 千字

2012 年 5 月第 1 版　2022 年 6 月第 8 次印刷

定价：9.00 元

读者服务部电话：(010) 64929211/84209101/64921644

营销中心电话：(010) 64962347

出版社网址：http://www.class.com.cn

http://jg.class.com.cn

目　录

第一章　化工识图基本知识 …… (1)
　第一节　图样基本知识 …… (1)
　第二节　图样的图示原理与技术要求 …… (12)

第二章　化工工艺流程图的识读与绘制 …… (42)
　第一节　工艺方块图的识读与绘制 …… (42)
　第二节　物料流程图的识读与绘制 …… (45)
　第三节　管道仪表流程图的识读与绘制 …… (46)

第三章　化工设备图与设备布置图的识读 …… (49)
　第一节　化工设备与化工设备图概述 …… (49)
　第二节　化工设备图的识读 …… (50)
　第三节　建筑基本图样的内容与识读 …… (54)
　第四节　设备布置图的内容与识读 …… (56)

第四章　化工管路图的表达方式与识读 …… (60)
　第一节　化工管路基本知识 …… (60)
　第二节　管道布置图的表达方式 …… (60)
　第三节　管道布置单线图的识读 …… (62)

第五章　AutoCAD 绘图基本知识 …… (67)
　第一节　AutoCAD 基本知识 …… (67)
　第二节　AutoCAD 绘图实例 …… (69)

综合实训 …… (72)

第一章　化工识图基本知识

第一节　图样基本知识

一、单项选择题

1. 制图国家标准规定，图纸幅面尺寸应优先选用（　　）种基本幅面尺寸。

A. 3　　B. 4　　C. 5　　D. 6

2. 制图国家标准规定，必要时图纸幅面尺寸可以沿（　　）边加长。

A. 长　　B. 短　　C. 各

3. 标题栏一般应位于图纸的（　　）角。

A. 左上　　B. 左下　　C. 右上　　D. 右下

4. 2:1 是（　　）的比例。

A. 放大　　B. 缩小　　C. 优先选用　　D. 尽量不用

5. 某零件按缩小一半的比例绘图，在标题栏的“比例”栏目中应填内容为（　　）。

A. 缩小一半　　B. 1×2　　C. 1/2　　D. 1:2

6. 绘制同一机件的各个视图时应尽量采用（　　）的比例，并在标题栏的“比例”栏目内注明所用的比例。

A. 不同　　B. 相同　　C. 较大　　D. 较小

7. 图样中汉字应写成（　　）体，并采用国家正式公布的简化字。

A. 宋　　B. 长仿宋　　C. 黑　　D. 楷

8. 制图国家标准规定，字体的号数即是字体的（　　）。

A. 高度　　B. 宽度　　C. 长度　　D. 斜度

9. 在同一图样上允许选用（　　）种字体。

A. 1　　B. 2　　C. 3　　D. 4

10. 国家标准规定，图样上要书写更大的汉字，字高应按（　　）倍比率递增。

A. 3　　B. 2　　C. $\sqrt{2}$　　D. $\sqrt{3}$

11. 在机械图样中，采用（　　）表示可见轮廓线。

A. 粗实线　　B. 细实线　　C. 波浪线　　D. 虚线

12. 机械图样中常用图线线型有粗实线、（　　）、虚线、细点画线等。

A. 轮廓线　　B. 边框线　　C. 细实线　　D. 轨迹线

13. 绘制图样时，下面说法正确的是（　　）。

A. 同一图样中同类图线的宽度可以不同

B. 两条平行线的最小距离不作要求

C. 虚线及点画线与其他线型相交时，都应以线段相交

D. 当几种线型重合时，应按虚线、粗实线、点画线的顺序画出

二、工程字练习

化工识图与计算机辅助设计是化工类工程技术人员重要的

技术基础课程这门课程实践性强学习中应坚持边学边练勤

思考理论联系实际只要坚持不懈定能学好学精工艺方块图

ABCDEFGHIJKLMNOPQRSTUVWXYZ　abcdefghijklmnopqrstuvwxyz

工艺流程图零件图轴测图装配图管路图设备图建筑平面图

侧面图立面图椭圆封头筒体接管鞍座人孔法兰工作设计温

度物名称焊缝比例备注其余热处理技术要求轴承齿轮零件

1234567890R　1234567890R　1234567890R　1234567890R

三、找出图中尺寸标注的错误，并在下图中注出正确的尺寸

1.

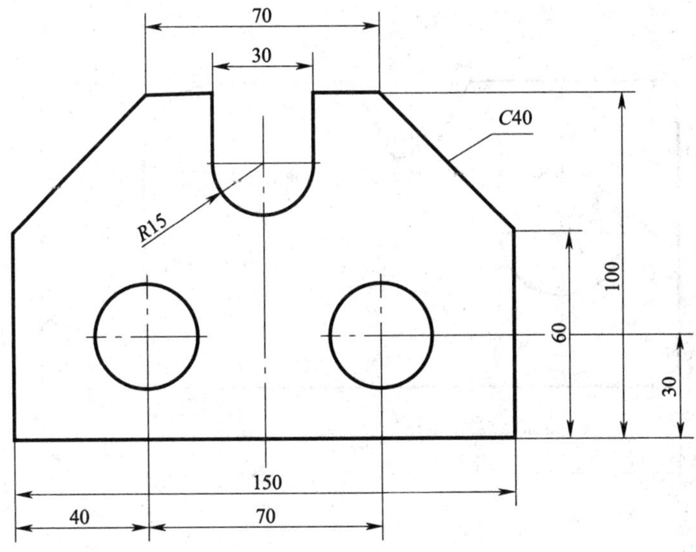

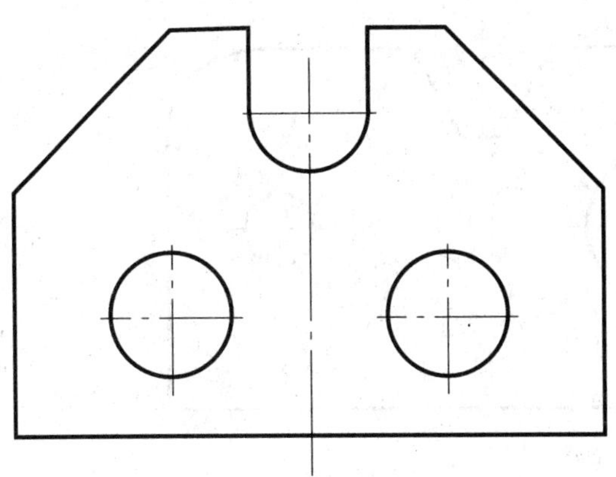

2.

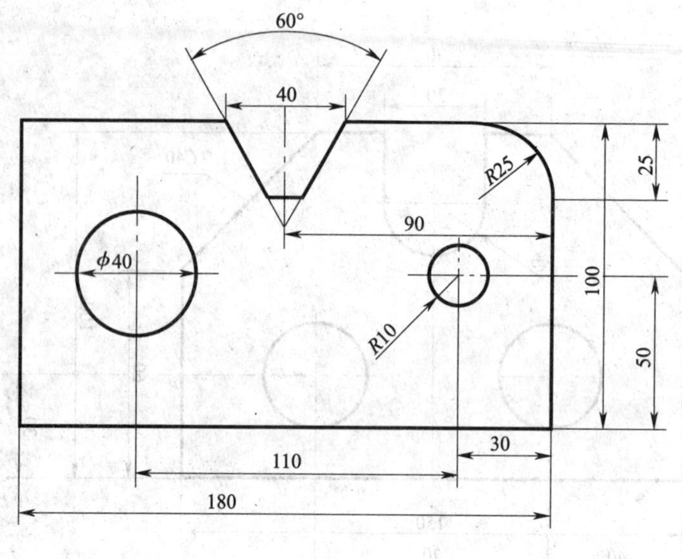

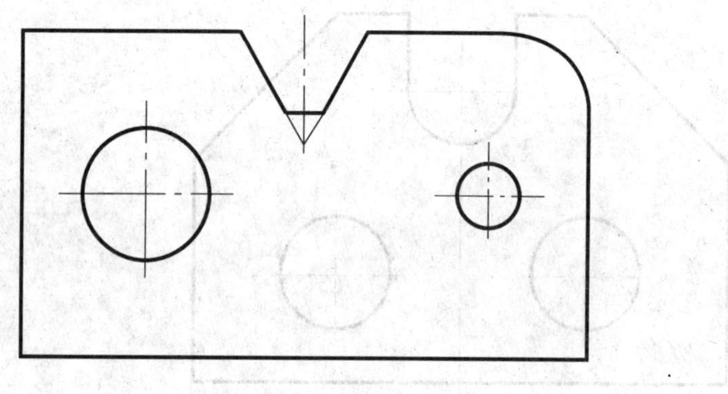

四、标注尺寸（按照 1:1 从图中量取整数）

1.

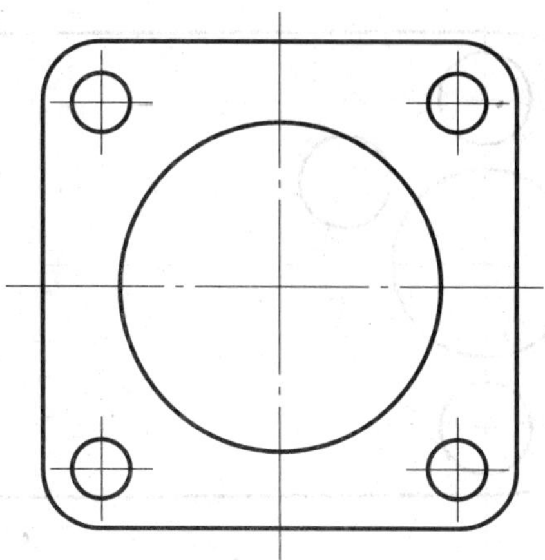

2.

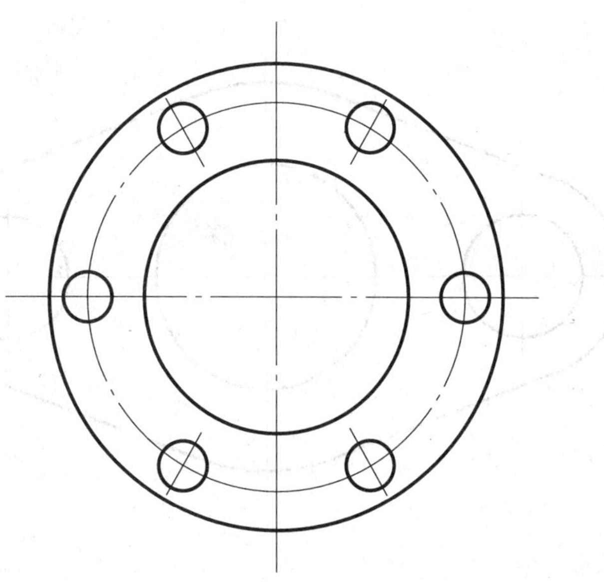

3.

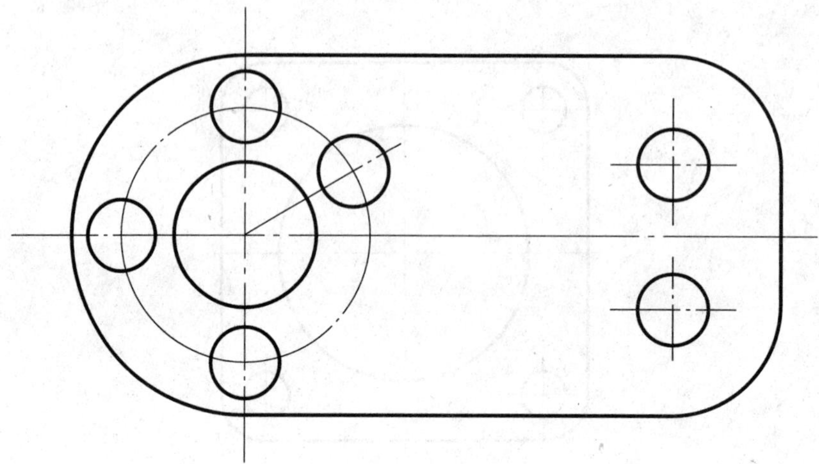

4.

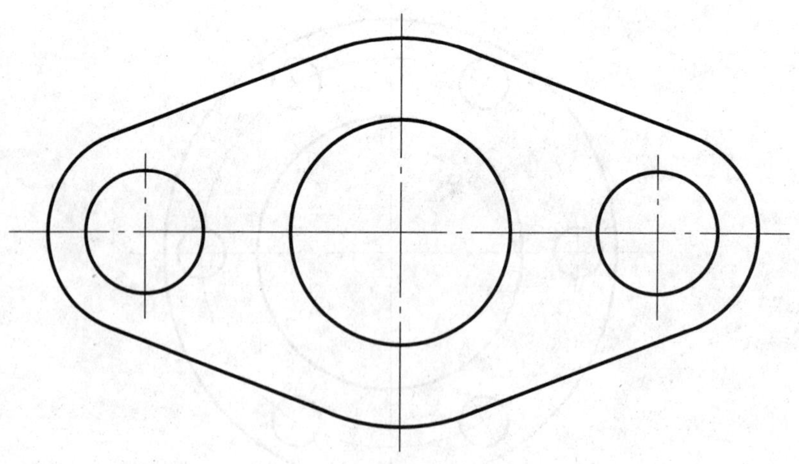

五、完成下列图形的线段连接，标出连接弧的圆心和切点（保留作图线）

1.

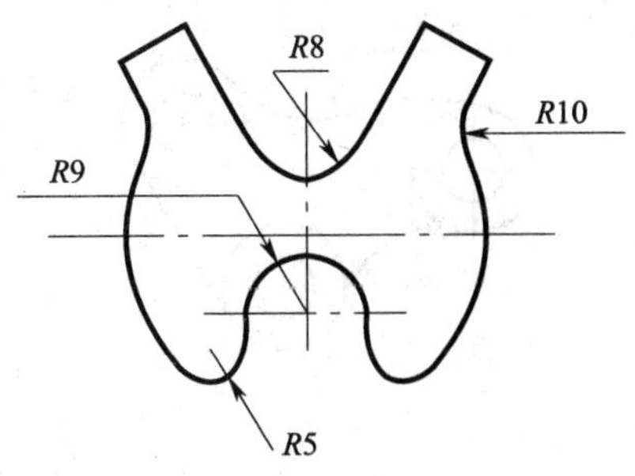

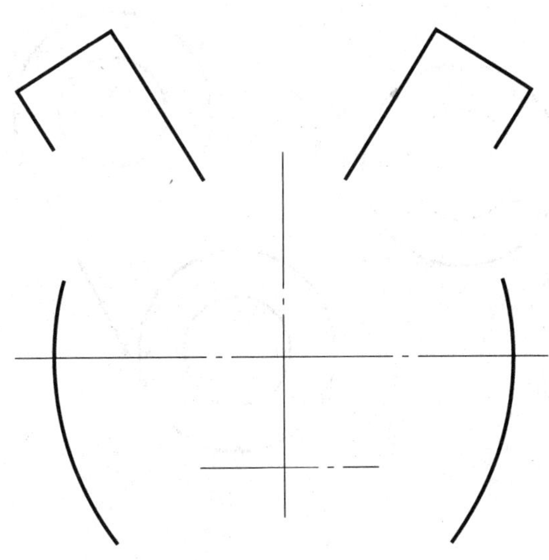

2.

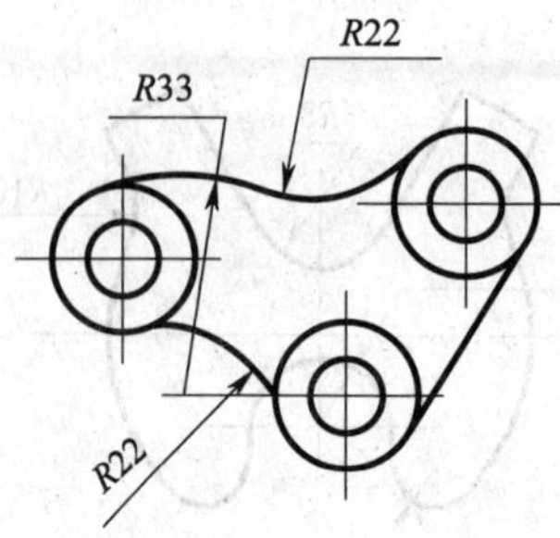

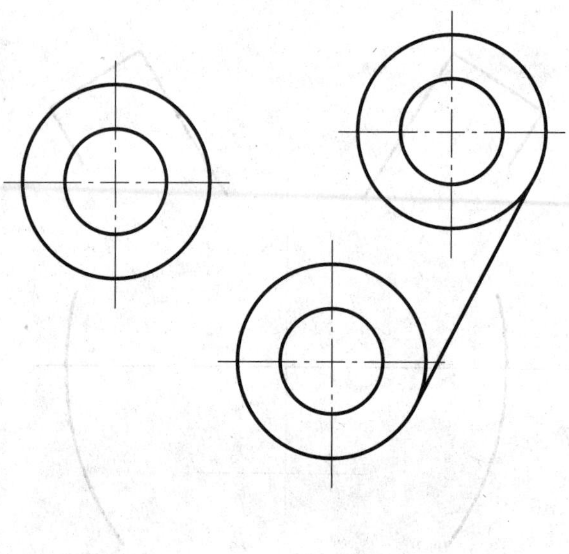

六、几何作图练习

1．用圆规作圆的内接正五边形。

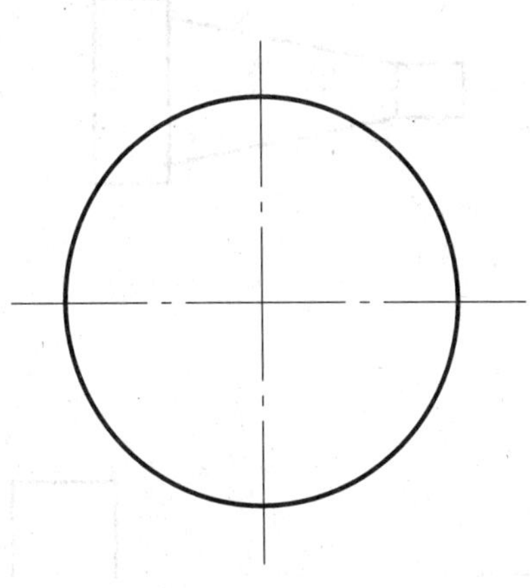

2．作线段 *AB* 的垂直平分线。

3．将线段 *AB* 八等分。

4．按给定的斜度补画图形中所缺图线。

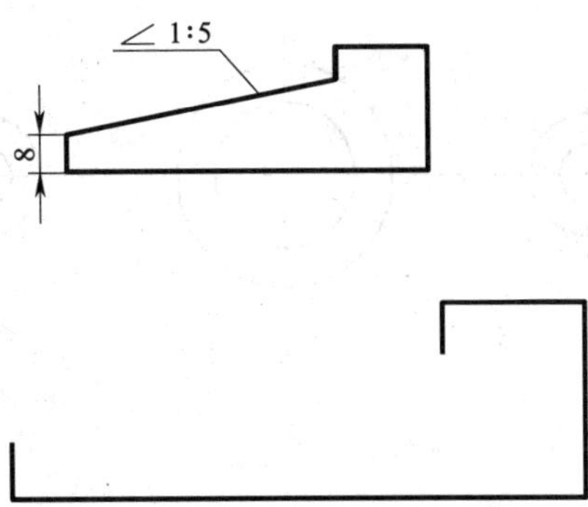

5. 按给定的锥度补画图形中所缺图线。

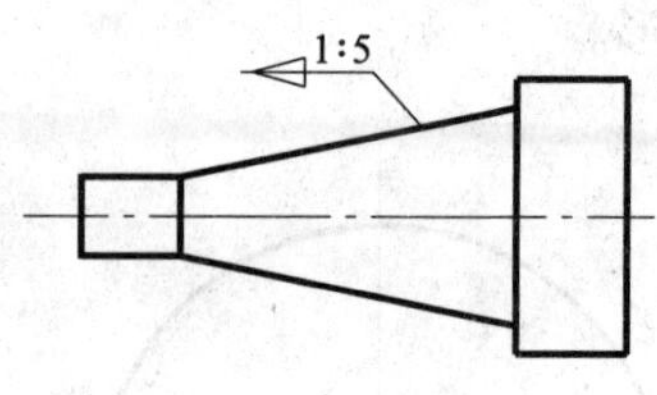

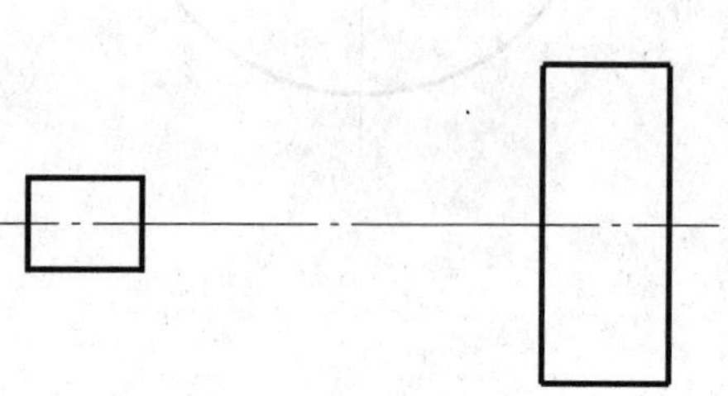

6. 参考小图完成线段连接（尺寸自定）。

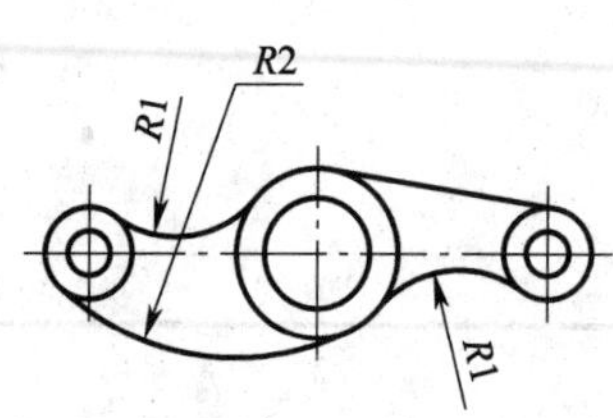

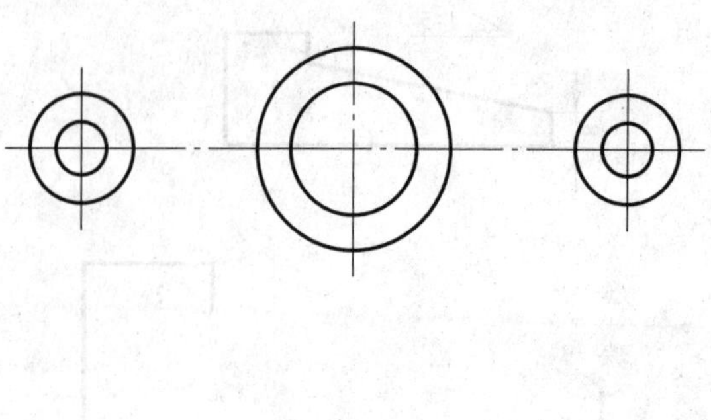

七、徒手绘制下列图形，比例为 1:1，不标注尺寸

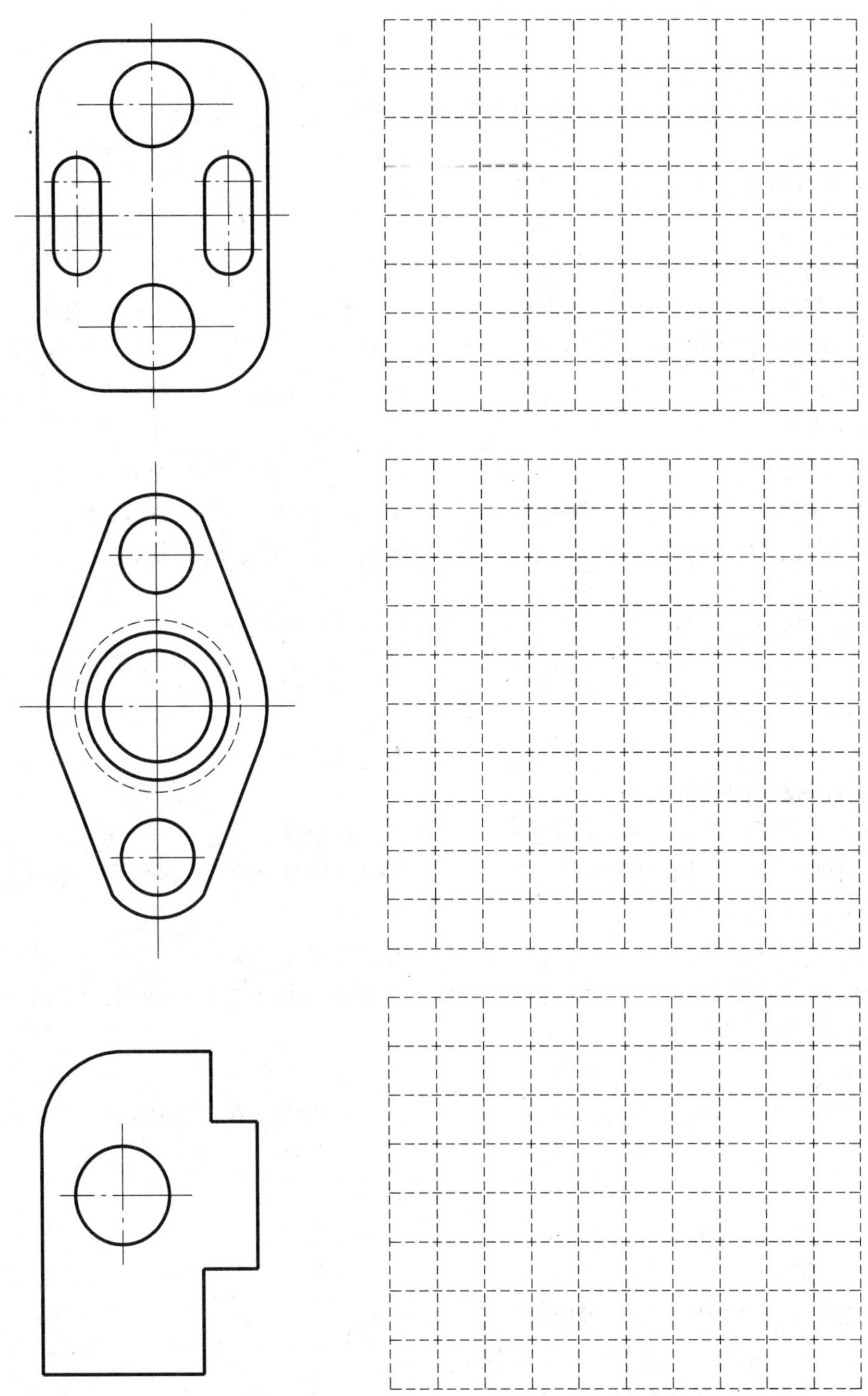

第二节　图样的图示原理与技术要求

一、单项选择题

1. 投影线互相平行且垂直于投影面的投影法称为（　　）投影法。

A. 中心　　B. 平行　　C. 正　　D. 斜

2. 若将投射中心移至无限远处，则投射线为（　　）。

A. 平行线　　B. 交于一点　　C. 垂直　　D. 交叉

3. 正投影的基本特性主要有真实性、积聚性和（　　）。

A. 类似性　　B. 特殊性　　C. 统一性　　D. 普遍性

4. 三视图的位置关系是：主视图在上方，俯视图在主视图的正（　　），左视图在主视图的正右方。

A. 左方　　B. 下方　　C. 上方　　D. 右方

5. 三视图的方位关系中，（　　）反映了物体上、下、左、右的方位。

A. 主视图　　B. 俯视图　　C. 左视图

6. 三视图的方位关系中，（　　）反映了物体上、下、前、后的方位。

A. 主视图　　B. 俯视图　　C. 左视图

7. 三视图的投影关系中，（　　）反映了物体的长和宽。

A. 主视图　　B. 俯视图　　C. 左视图

8. 俯视图和左视图应满足（　　）。

A. 长对正　　B. 高平齐　　C. 宽相等

9. 主视图和左视图应满足（　　）。

A. 长对正　　B. 高平齐　　C. 宽相等

10. 机件的真实大小应以图样上（　　）为依据，与图形的大小及绘图的准确度无关。

A. 所注尺寸数据　　B. 所标绘图比例

C. 所画图样形状　　D. 所加文字说明

11. 图样中的尺寸，以（　　）为单位时，不必标注计量单位的符号或名称，如采用其他单位，则必须注明。

A. 米　　B. 厘米　　C. 毫米　　D. 分米

12. 机件的每一尺寸，一般只标注（　　）次，并应标注在反映该结构最清晰的图形上。

A. 一　　B. 二　　C. 三　　D. 四

13. 尺寸界线一般应与尺寸线（　　），必要时允许倾斜。

A. 倾斜　　B. 平行　　C. 垂直

14. 图样上标注的尺寸，一般应由（　　）组成。

A. 尺寸界线、尺寸箭头、尺寸数字

B. 尺寸线、尺寸界线、尺寸数字

C. 尺寸数字、尺寸线及其终端、尺寸箭头

D. 尺寸界线、尺寸线及其终端、尺寸数字

15. 图样上所注的尺寸，为该图样所示机件的（　　），否则应另加说明。

A. 最后完工尺寸　　B. 带加工余量尺寸

C. 有关测量尺寸

16. 尺寸界线与尺寸线都用（　　）绘制。

A. 粗实线　　B. 细实线　　C. 点画线　　D. 虚线

17. 在尺寸标注时用“∠”符号表示（　　）。

A. 锥度　　B. 斜度　　C. 圆柱度　　D. 平面度

18. 标注圆的直径尺寸时，一般（　　）应通过圆心，尺寸箭头指到圆弧上。

A. 尺寸线　　B. 尺寸界线　　C. 尺寸数字　　D. 尺寸箭头

19. 尺寸界线应比尺寸线终端（　　）。

A. 长 2 ~ 3 mm　　B. 短 2 ~ 3 mm　　C. 长 5 ~ 6 mm　　D. 短 5 ~ 6 mm

20. 关于尺寸数字的注写位置说法不正确的是（　　）。

A. 尺寸线上方　　B. 尺寸线中断处

C. 引出标注　　D. 尺寸线可穿过尺寸数字

21. 标注线性尺寸时，尺寸线必须与所标注的线段（　　）。

A. 垂直　　B. 平行　　C. 斜交

22. 标注圆或大于半径的圆弧时，尺寸线应（　　）。

A. 通过圆心　　B. 通过尺寸界线　　C. 与圆相切　　D. 不通过圆心

23. 圆弧半径过大或在图样中无法标注时可（　　）表示。

A. 用折线　　B. 用缩小方式　　C. 不　　D. 夸张

24. 球面的直径用（　　）表示。

A. *SR*　　B. *SG*　　C. *S*　　D. *W*

25. 角度的尺寸线画成（　　）。

A. 直线　　B. 圆弧　　C. 波浪线　　D. 点画线

二、根据轴测图匹配三视图，并在圆圈内填写对应的编号

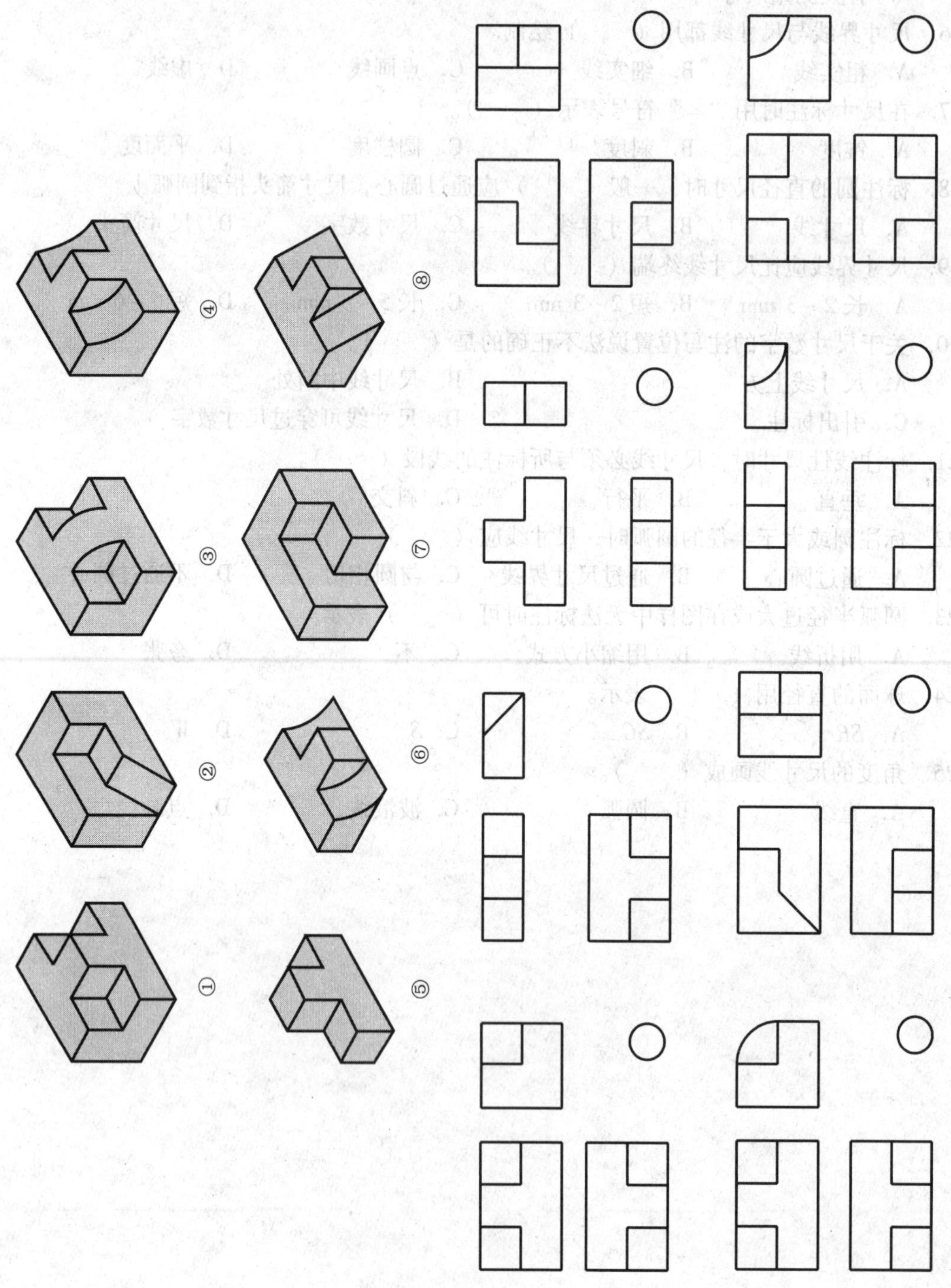

三、根据轴测图，补画三视图中缺失的图线

1.

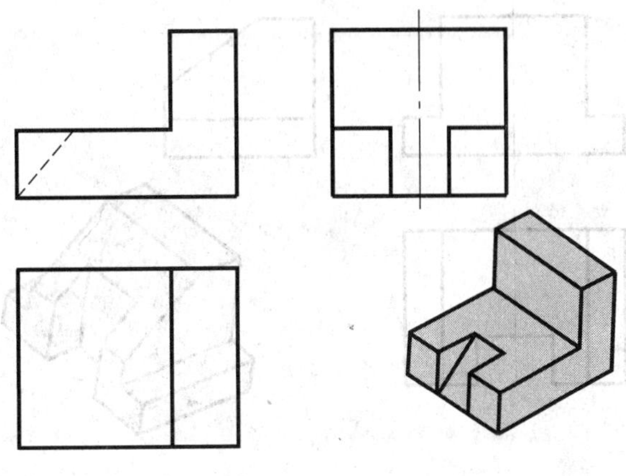

2.

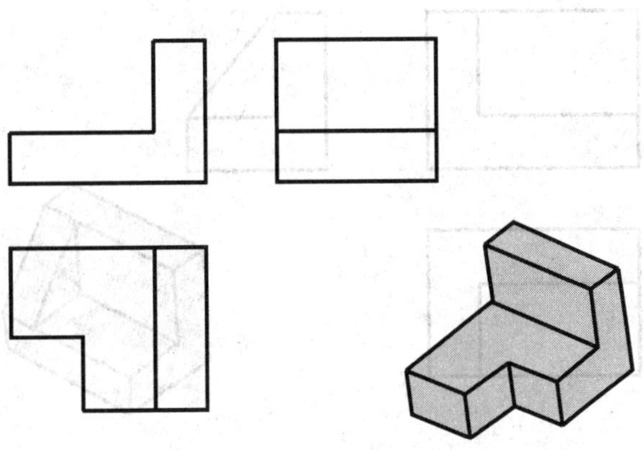

3.

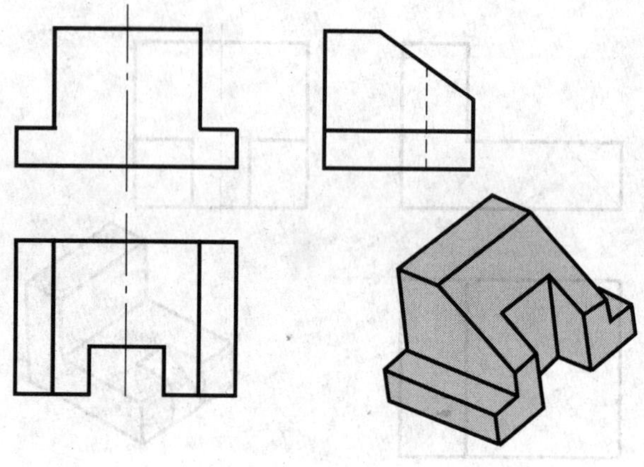

4.

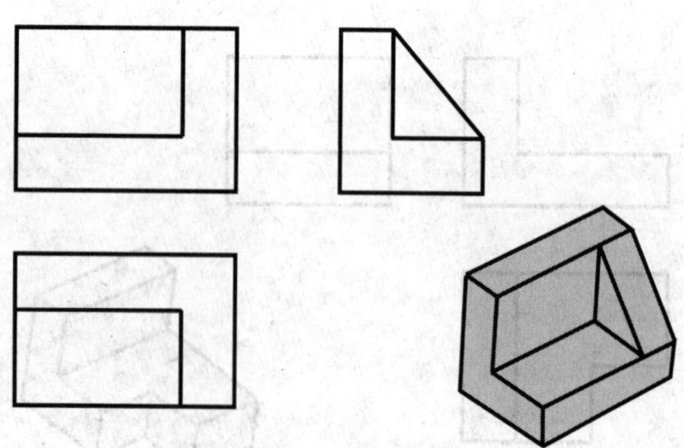

四、根据轴测图，补画物体的第三视图

1.

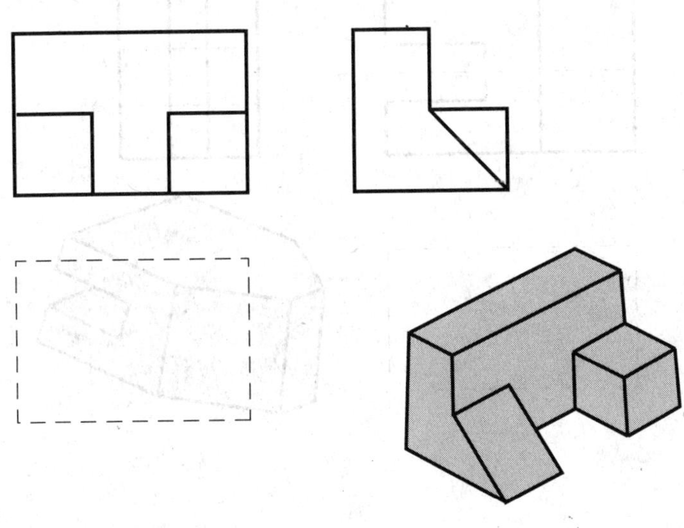

2.

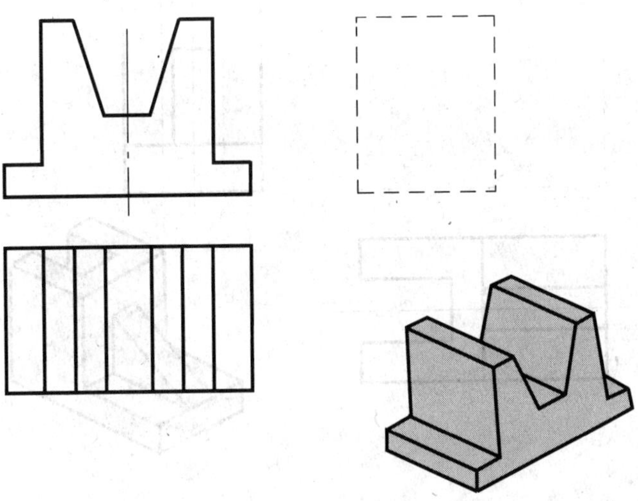

3.

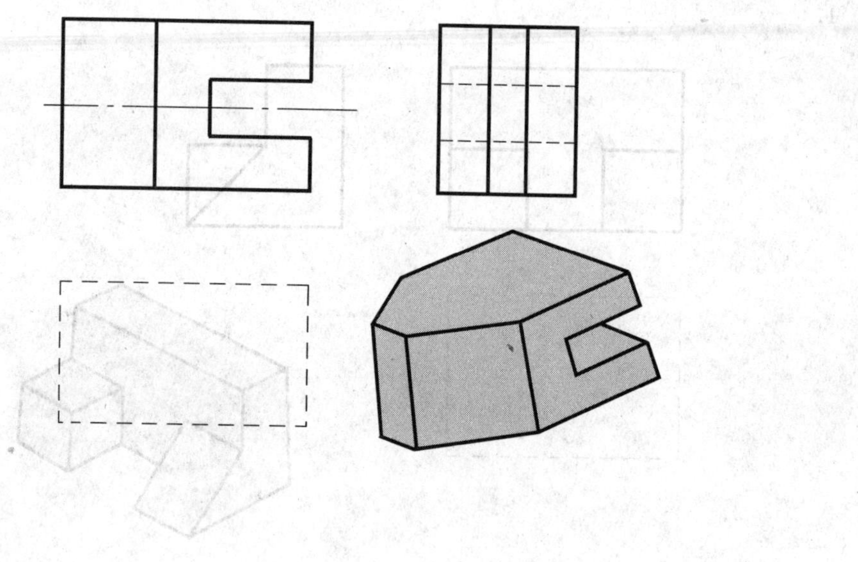

4.

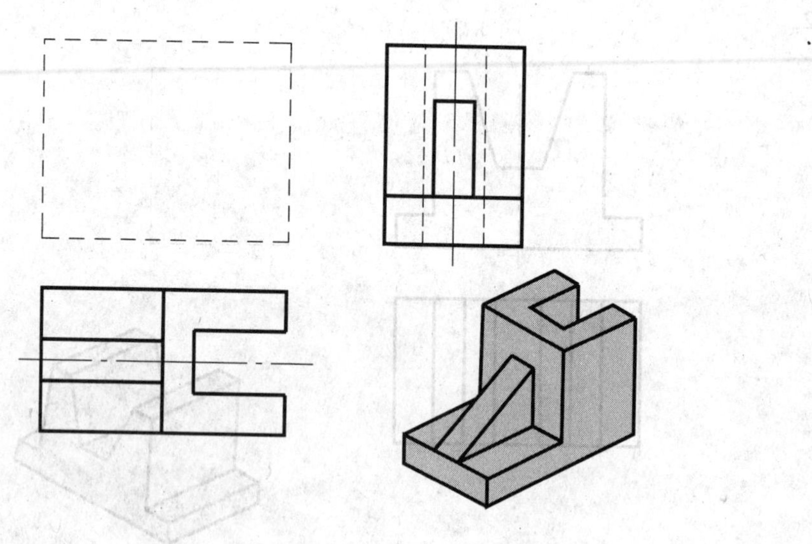

5.

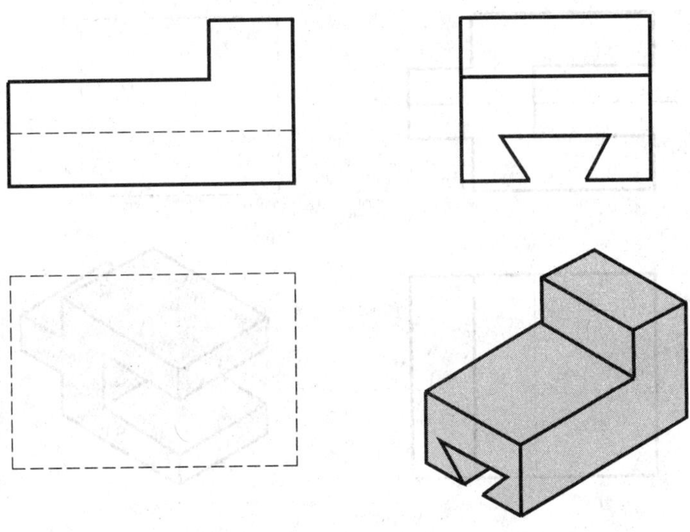

6.

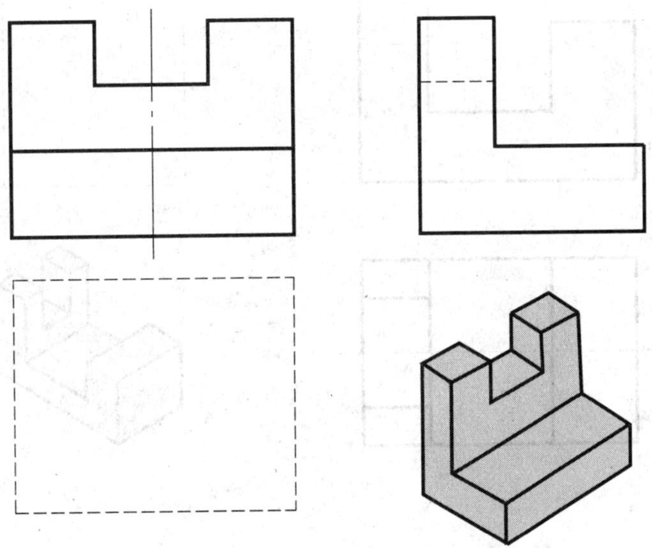

7.

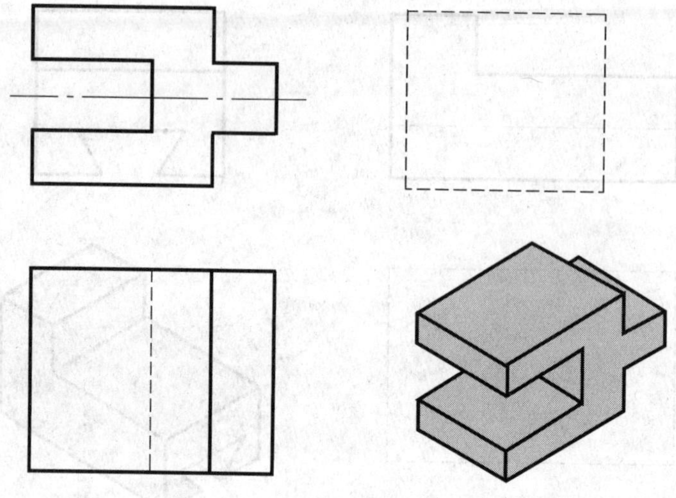

8.

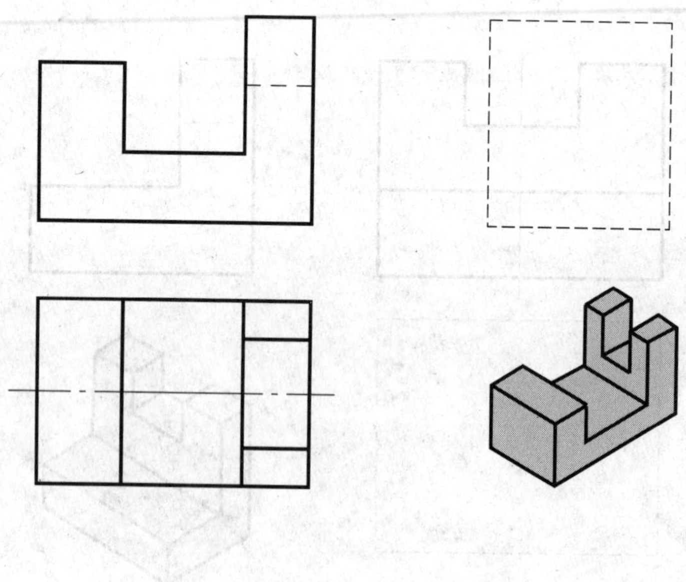

五、看懂三视图，补画视图中所缺的图线

1.

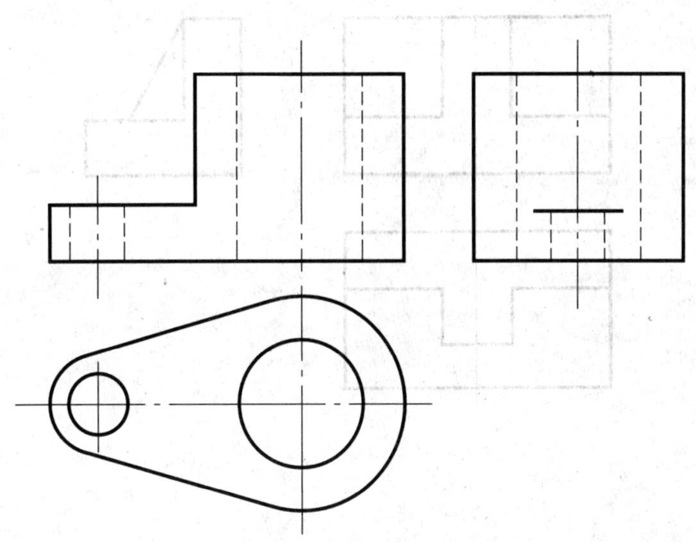

2.

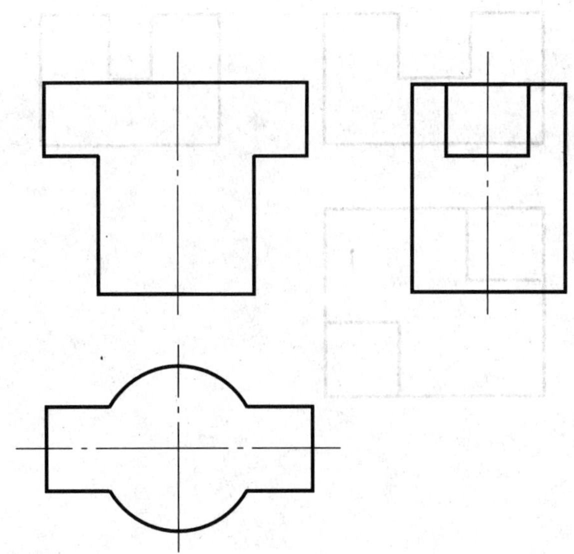

3.

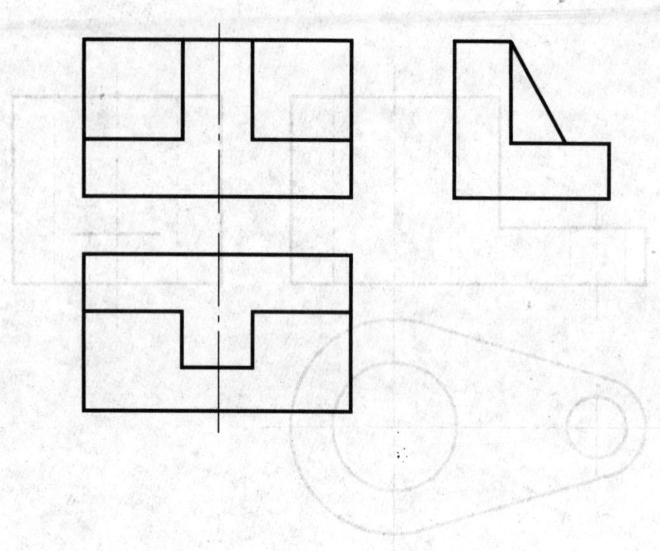

4.

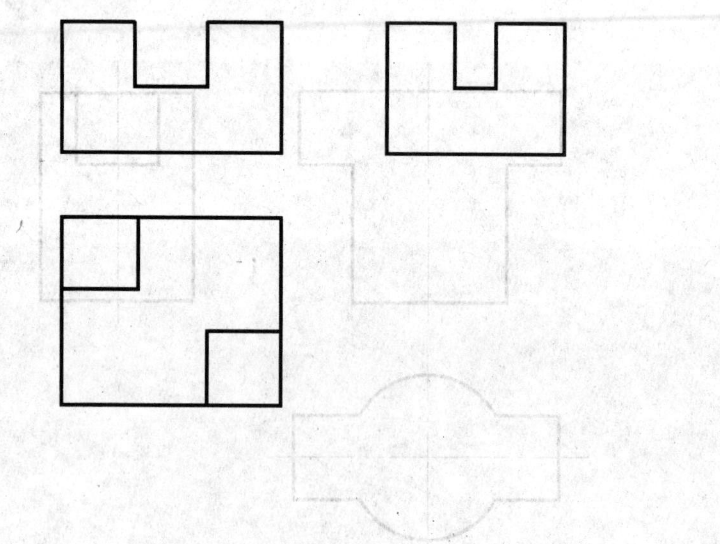

六、根据提示，徒手补画图中所缺的图线，完成该图形的轴测图

1．此图为正方体。

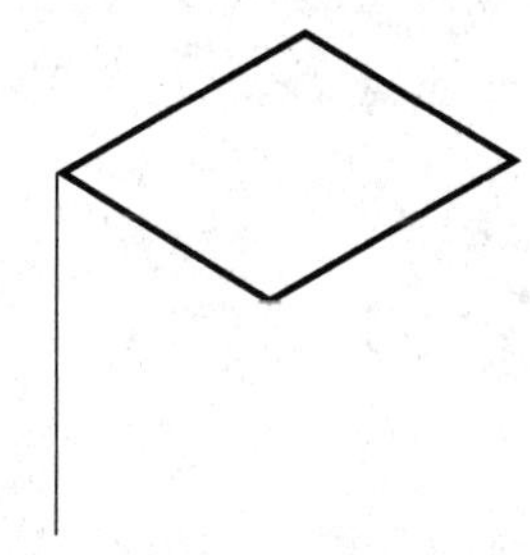

2．此图为正六棱柱，高 3 cm。

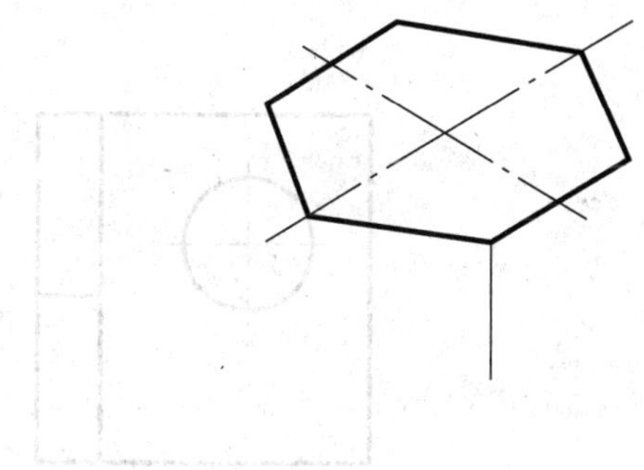

3．此图为圆柱体，高 3 cm。

4．此图为圆台。

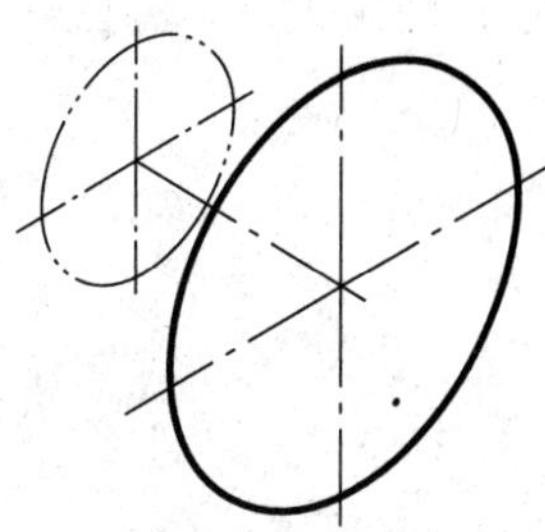

七、根据主、俯、左视图，补画右、后、仰视图

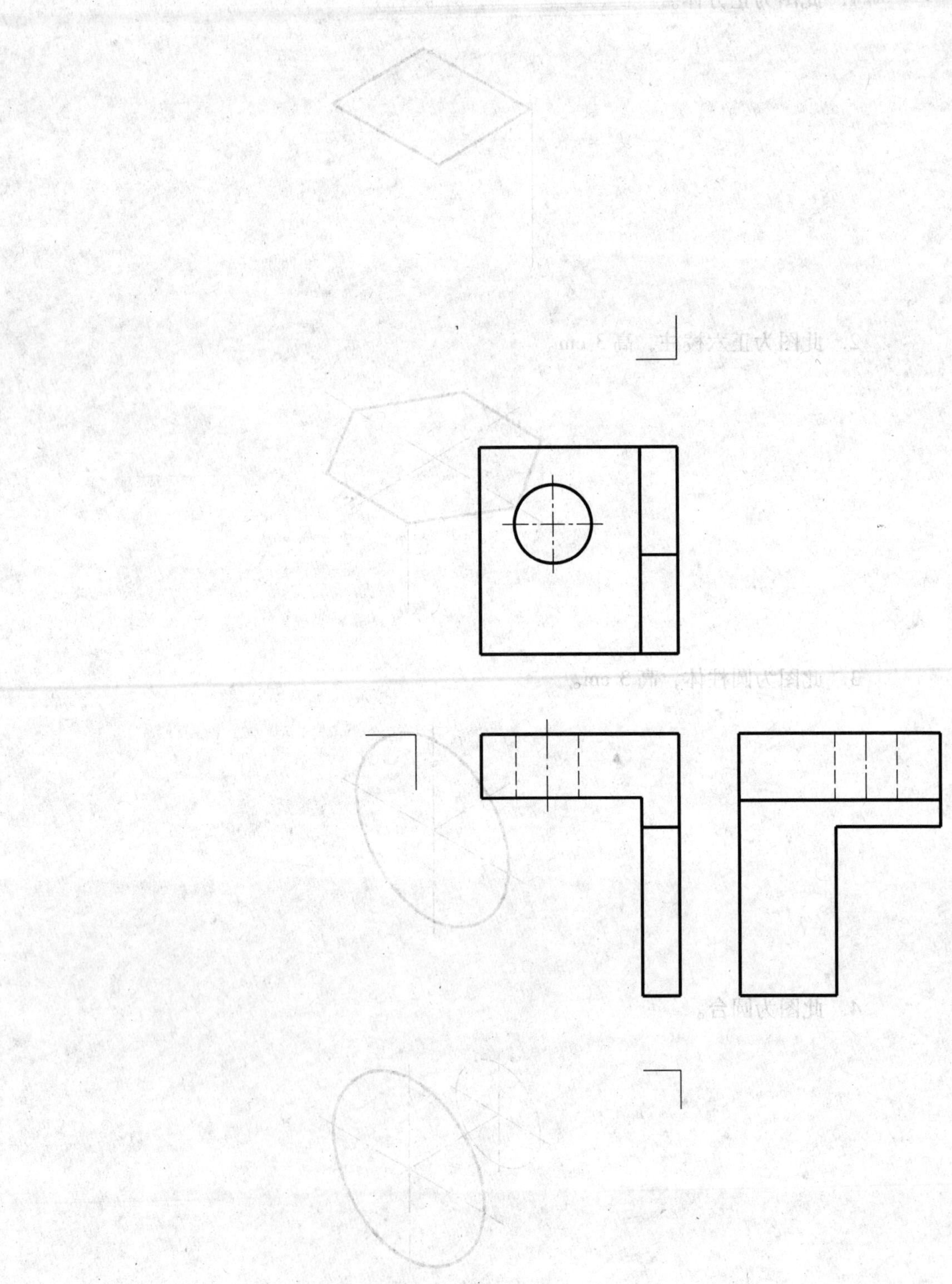

八、按箭头所指，画出斜视图（可旋转配置），并将主视图改画成全剖视图

1、

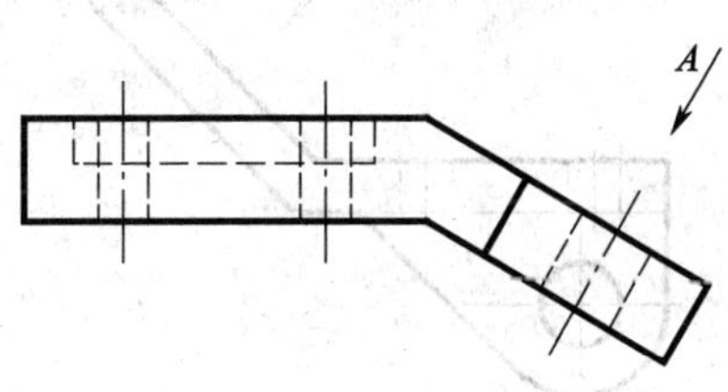

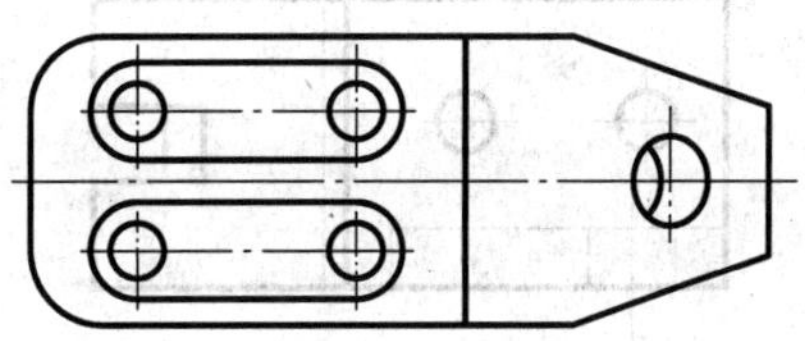

2.

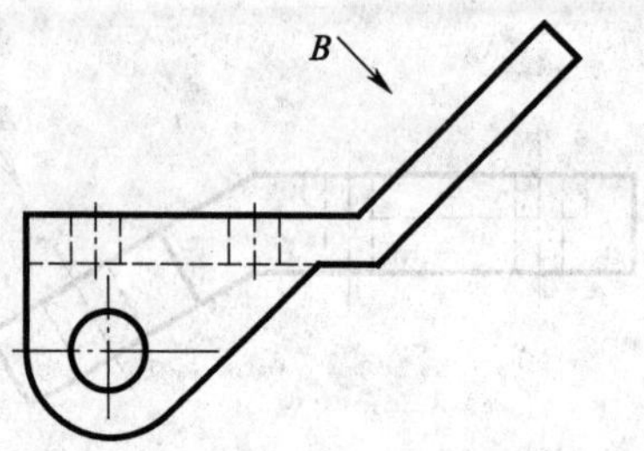

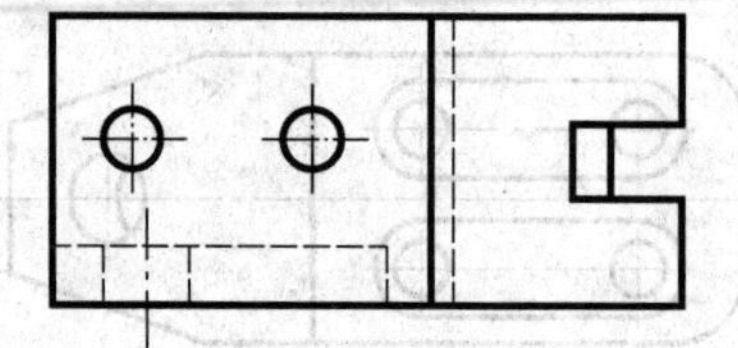

九、补画剖视图中所缺的图线

1.

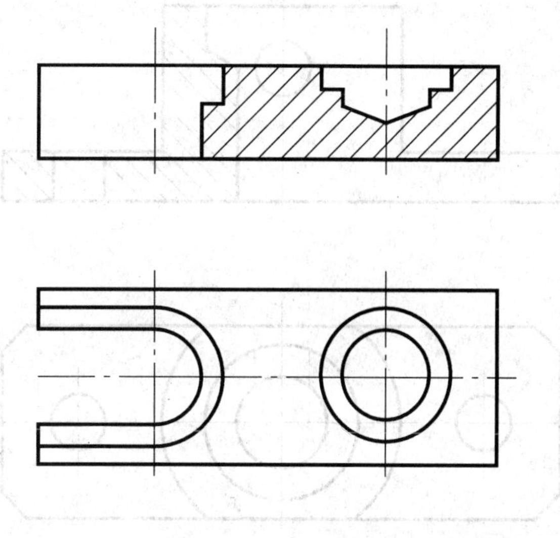

2.

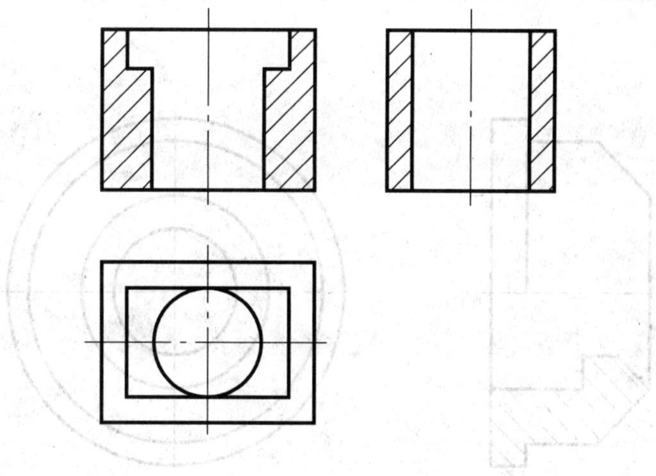

3.

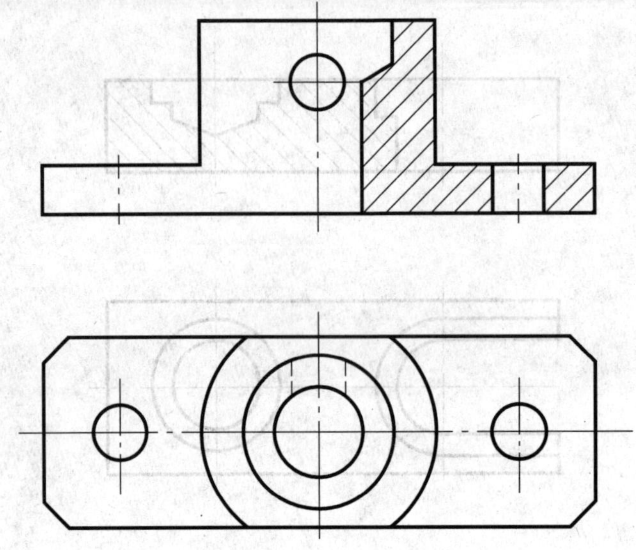

4.

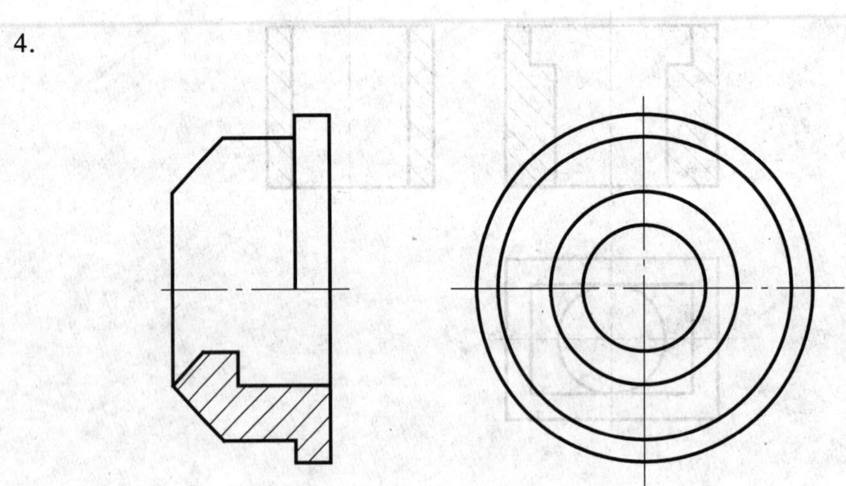

5.

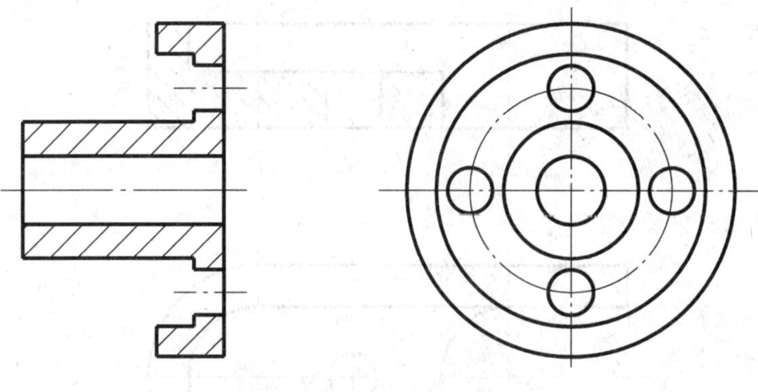

6.

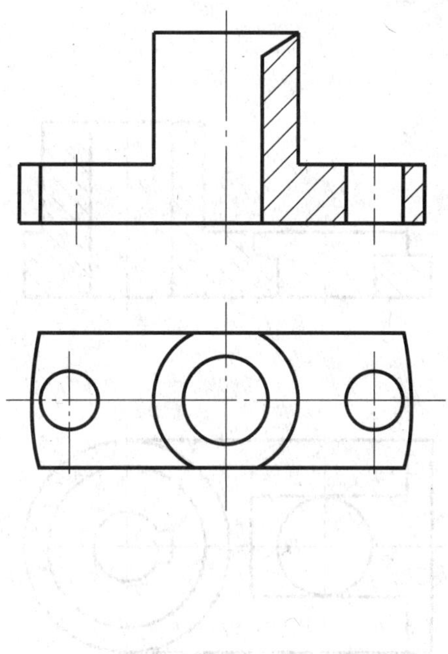

7.

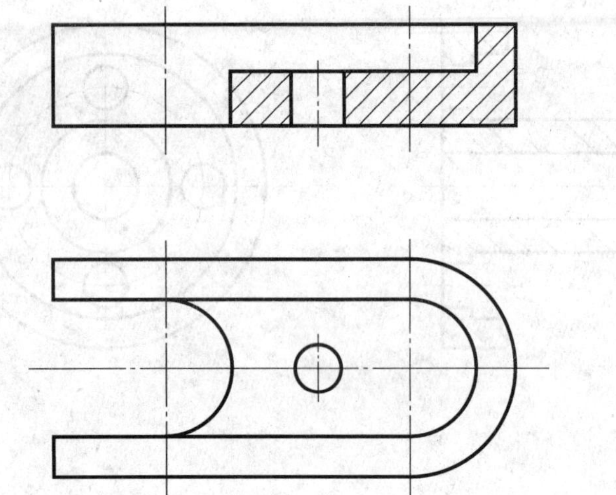

8.

十、将主视图改画成全剖视图

1.

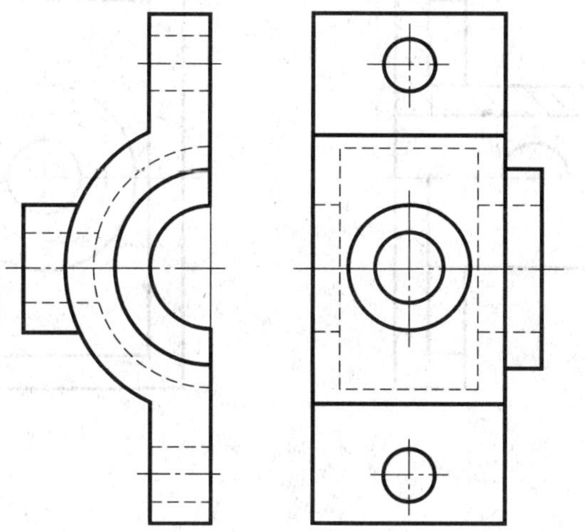

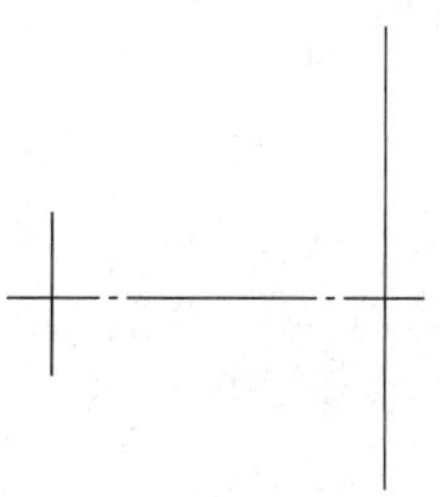

2.

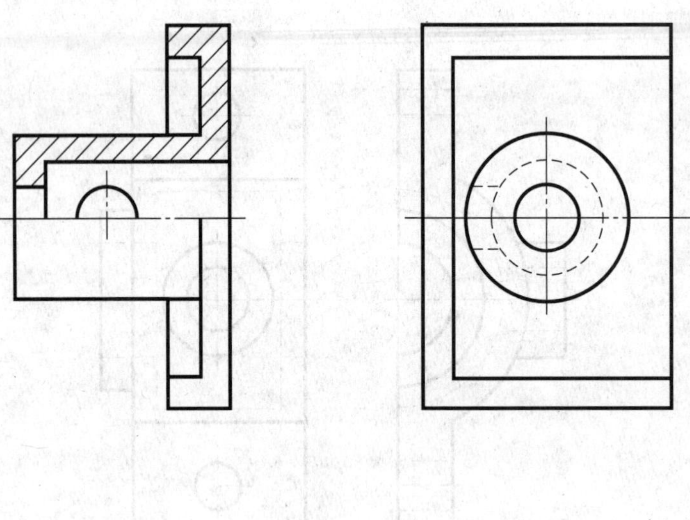

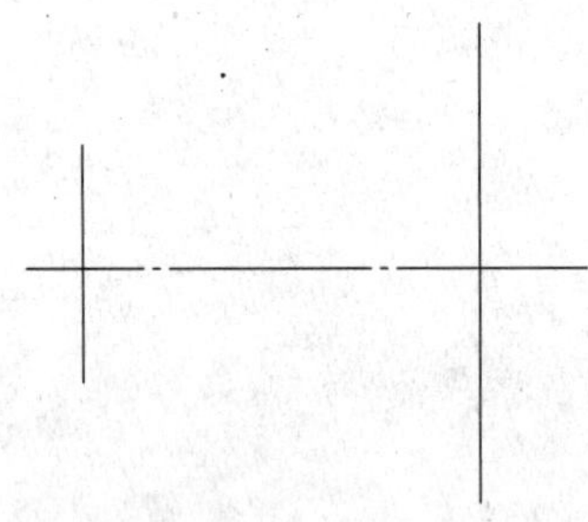

十一、按要求完成下列图样

1. 分析剖视图中的错误，在右边作出正确的剖视图。

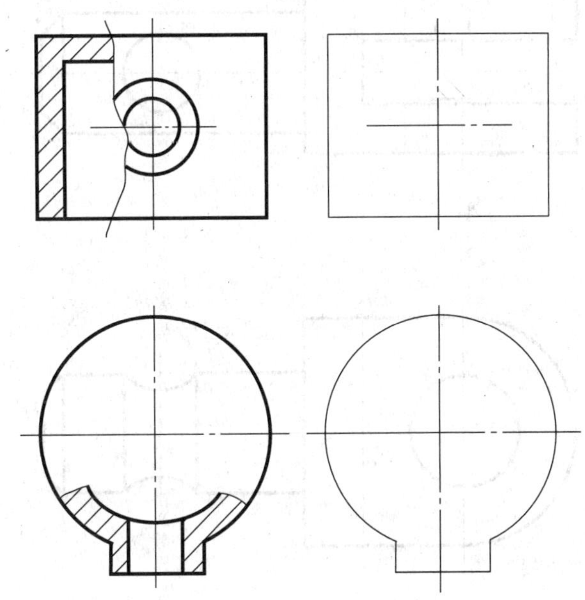

2. 将主视图画成局部剖视图。

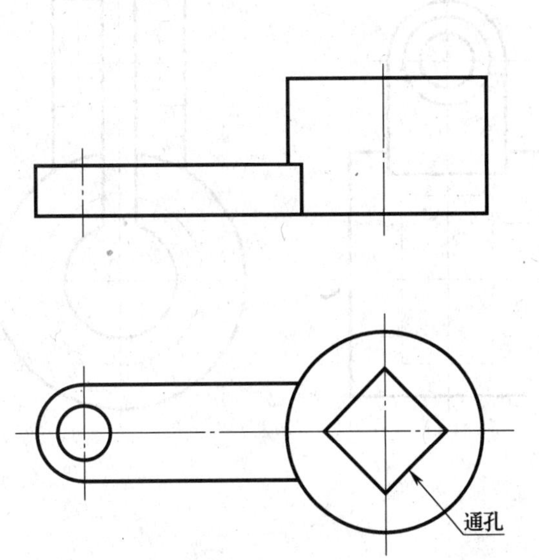

3. 在适当部位作局部剖视图。

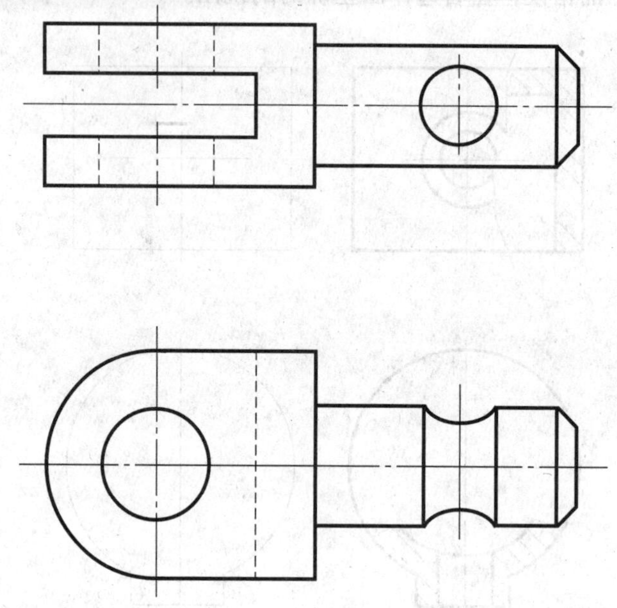

4. 在适当部位作局部剖视图。

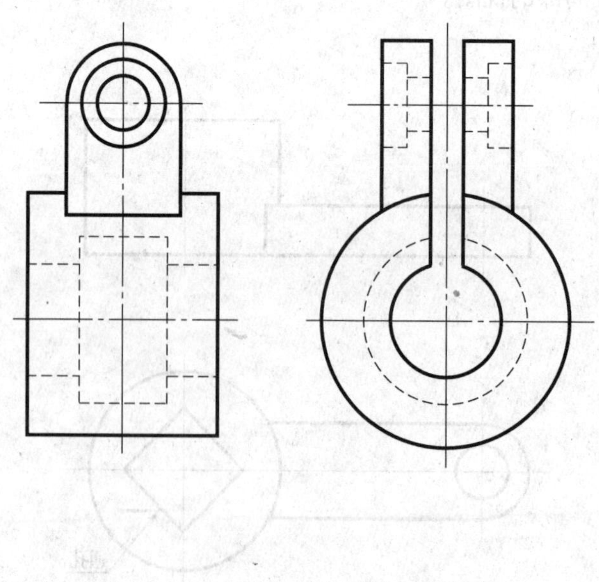

十二、根据俯视图选择正确的主视图，在括号内画“√”

1.

2.

3.

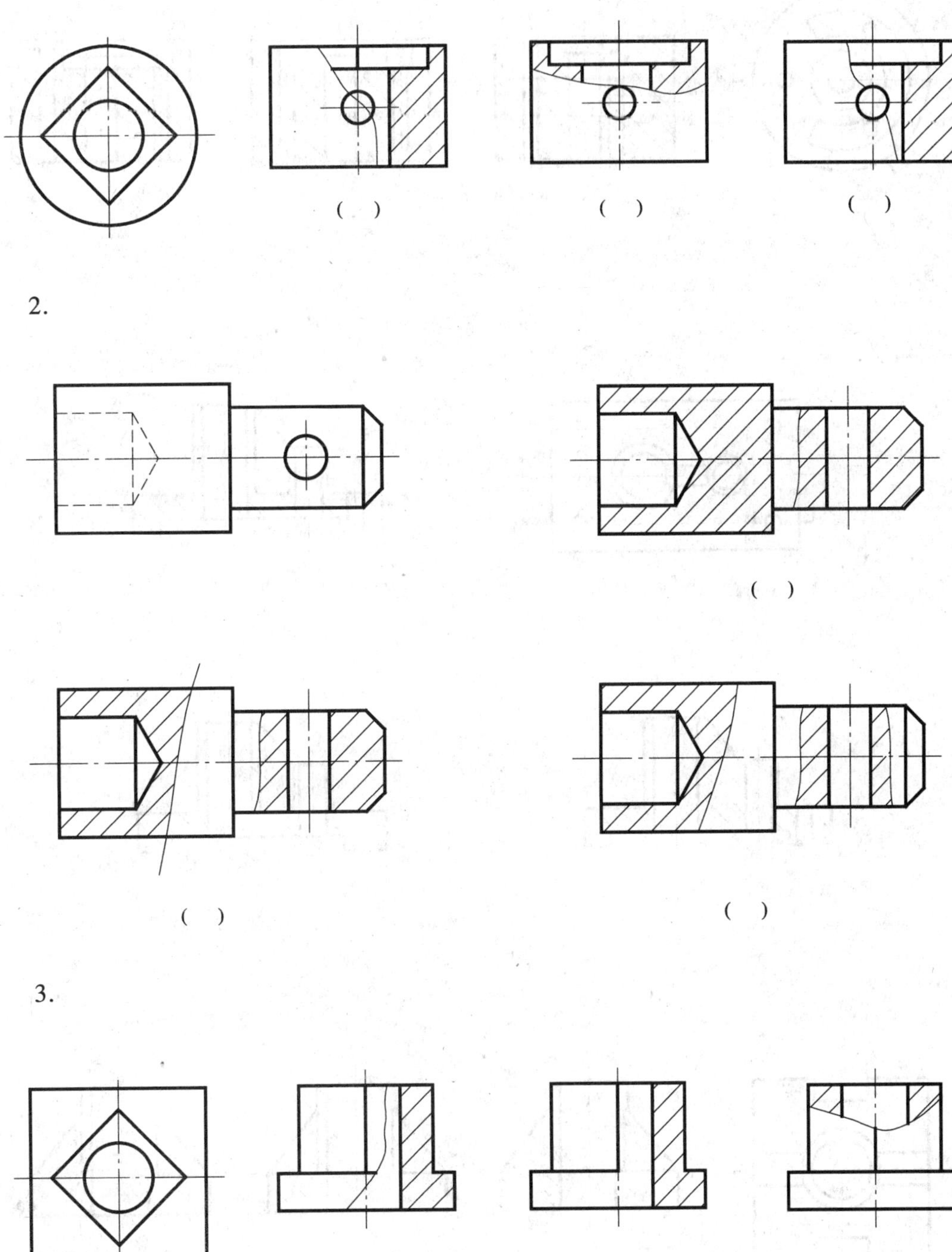

4.

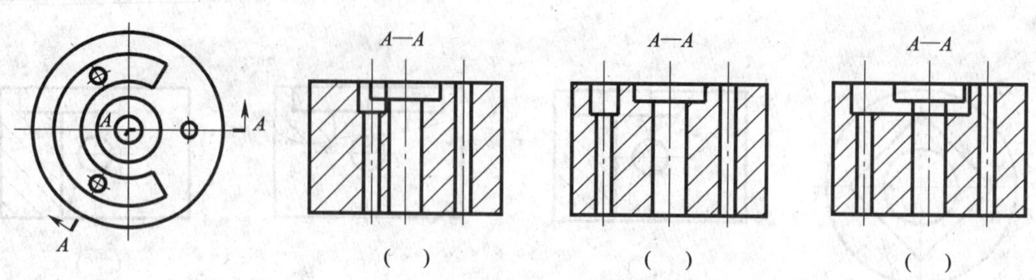

5.

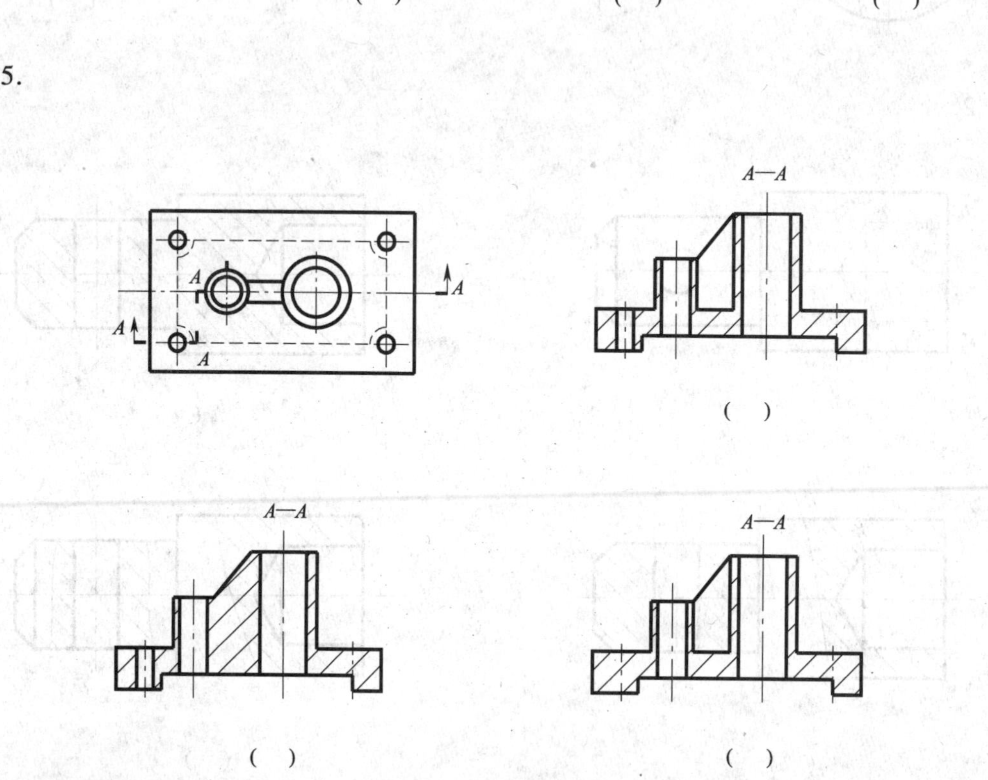

6.

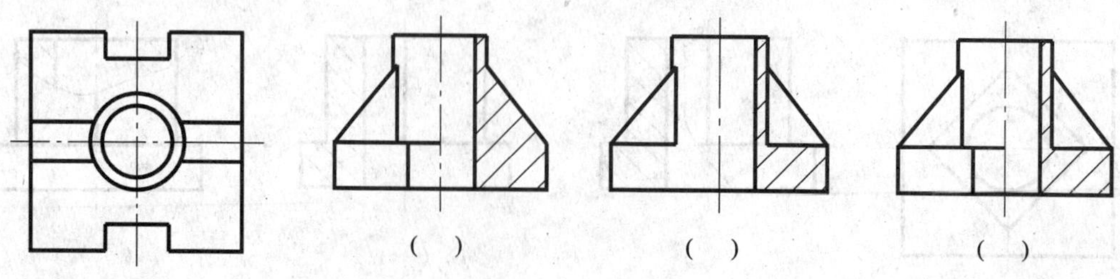

十三、选择正确的断面图，在括号内画“√”

1.

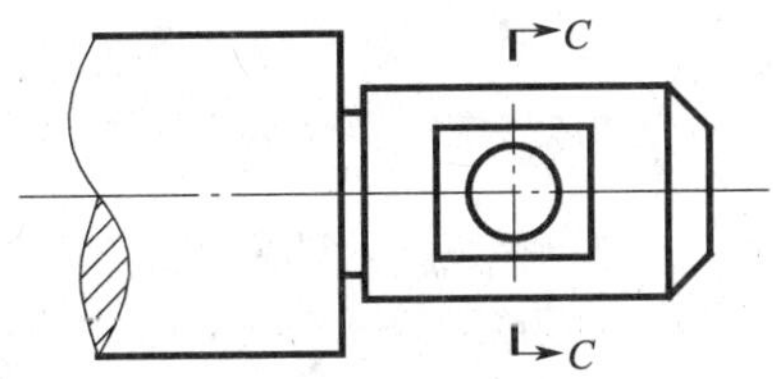

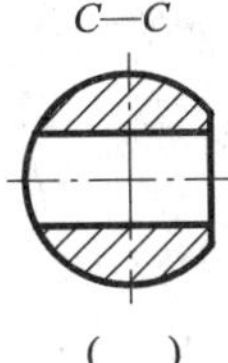

(　)

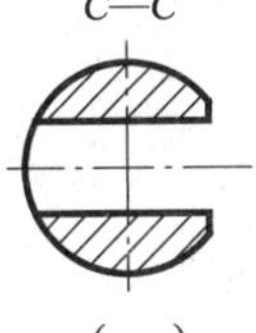

(　)

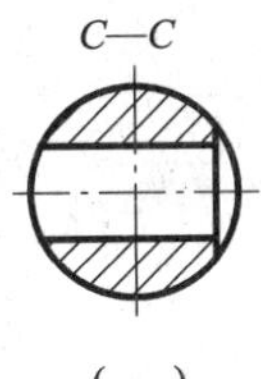

(　)

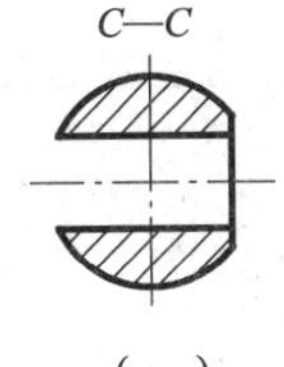

(　)

2.

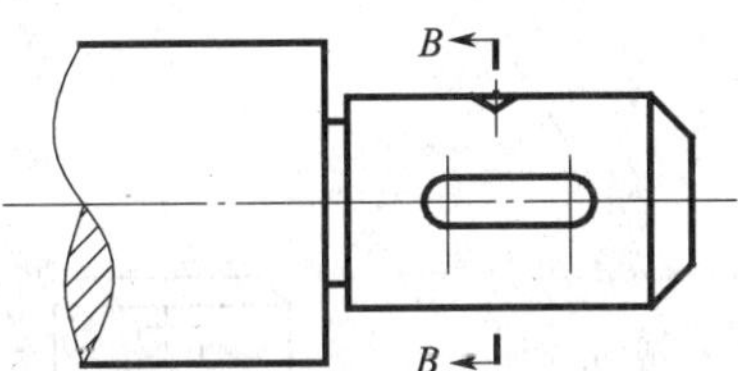

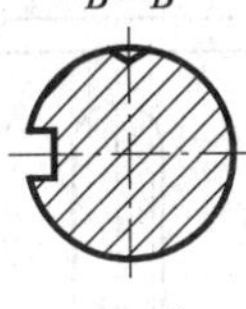

(　)

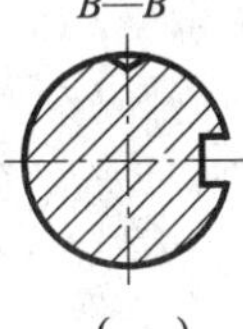

(　)

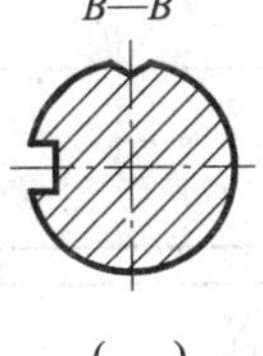

(　)

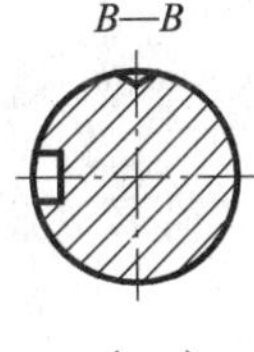

(　)

3.

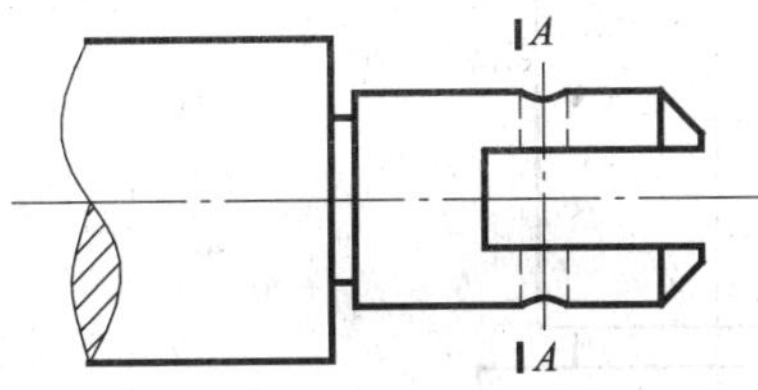

(　)

(　)

(　)

(　)

十四、试画出阶梯轴的断面图

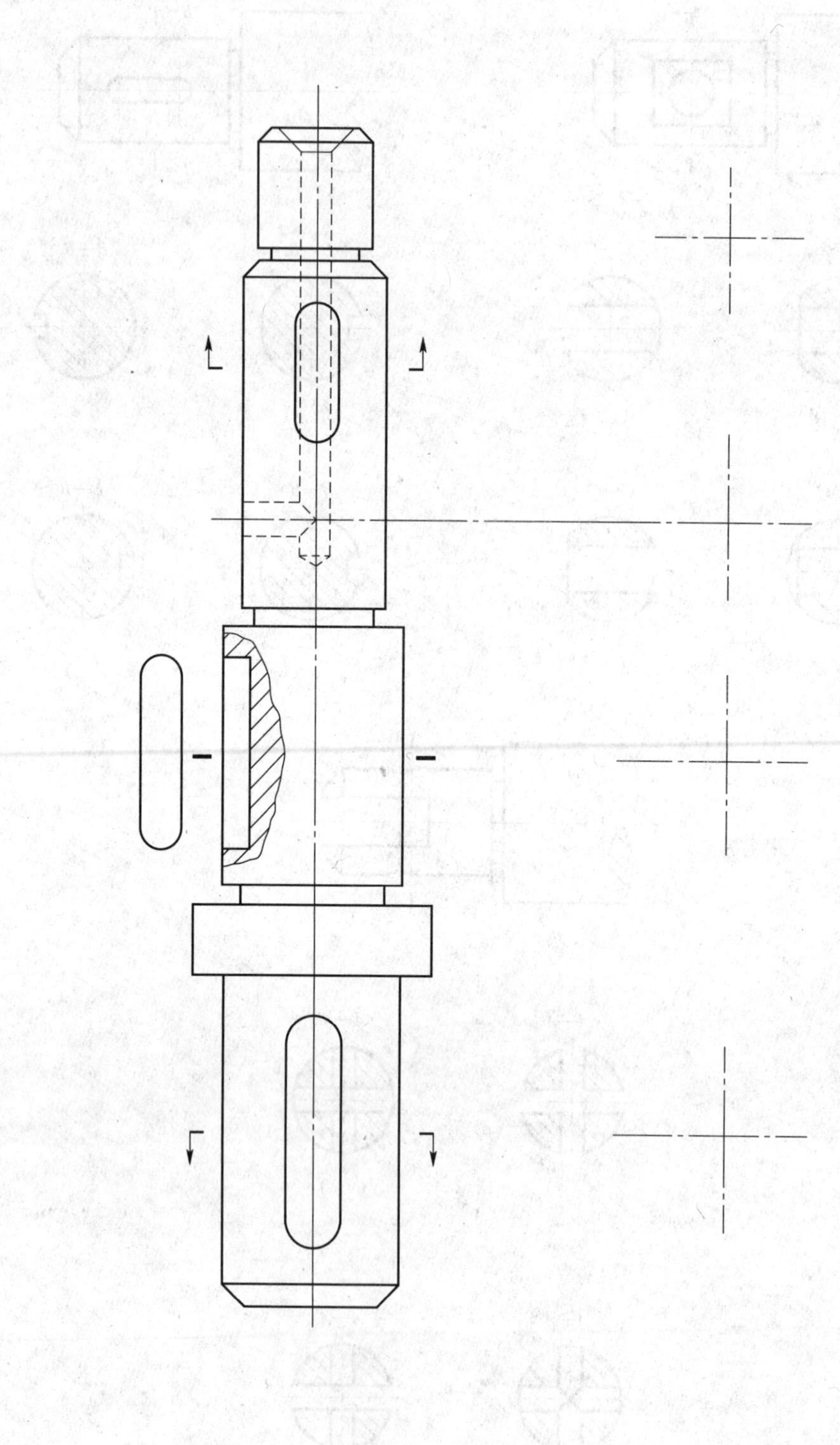

十五、读输出轴零件图，回答问题

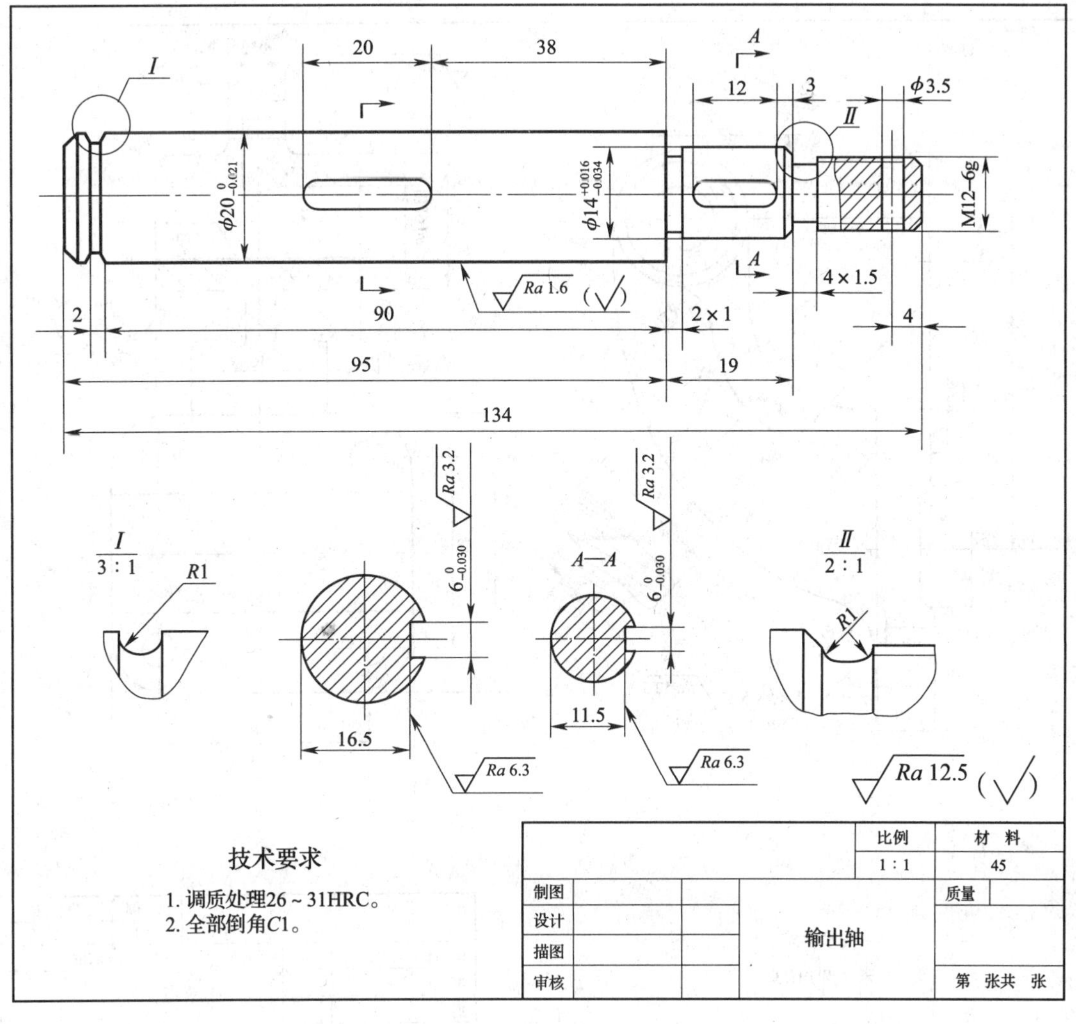

1. 该零件名称为____________，材料为____________。

2. 主视图轴线水平放置，主要考虑的是符合零件的____________位置。

3. 除主视图外，采用了两个____________图表达两个键槽的断面形状，两个____________图表达*I*、*II*两处沟槽结构。

4. 分析尺寸基准，在图中标出该轴的径向基准和轴向主要基准，试找出两个键槽及孔的定位尺寸及尺寸基准。

5. $\phi 14^{+0.016}_{-0.034}$表示该轴段的基本尺寸为____________。

6. ϕ14 轴段上键槽的宽度为____________，深度为____________，注出 11.5 表示深度，是为了便于____________。

7. ϕ14 轴段左端轴肩处所注 2×1 表示________的尺寸，2 为________，1 为________。

8. 解释该轴右端螺纹的标注代号。

十六、读脚踏座零件图，回答问题

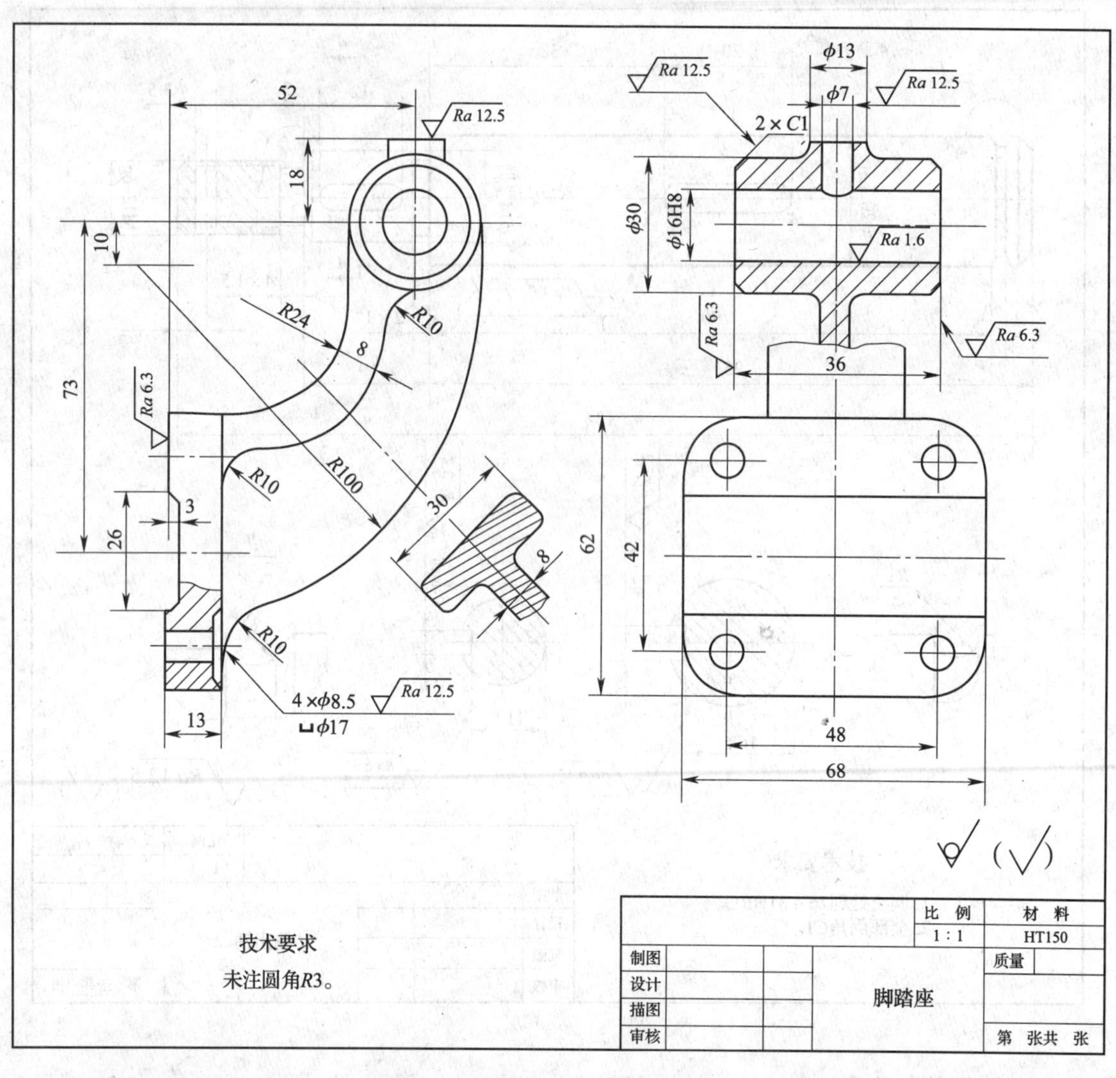

1. 该零件名部为________，其主视图反映了零件的________位置和形状特征。

2. 主视图采用了________剖视，用于表达________结构，$\frac{4\times\phi 8.5}{⌴\phi 17}$的含义是________。

3. 左视图采用了________剖视，请将其剖切位置在视图上标注出来。

4. 除主视图和左视图外的另一图形是________图，试指出该图中尺寸在左视图上相应的位置。

5. 轴孔尺寸 ϕ16H8 中的“H”为________，“8”为________。查表可知该尺寸的下偏差为________，上偏差为________。

6. 指出零件长、宽、高方向上尺寸的主要基准，分析各结构的定形和定位尺寸。

7. 该零件哪些面是加工面？最光滑的面的 Ra 值为________。

十七、读四通阀体零件图，回答问题

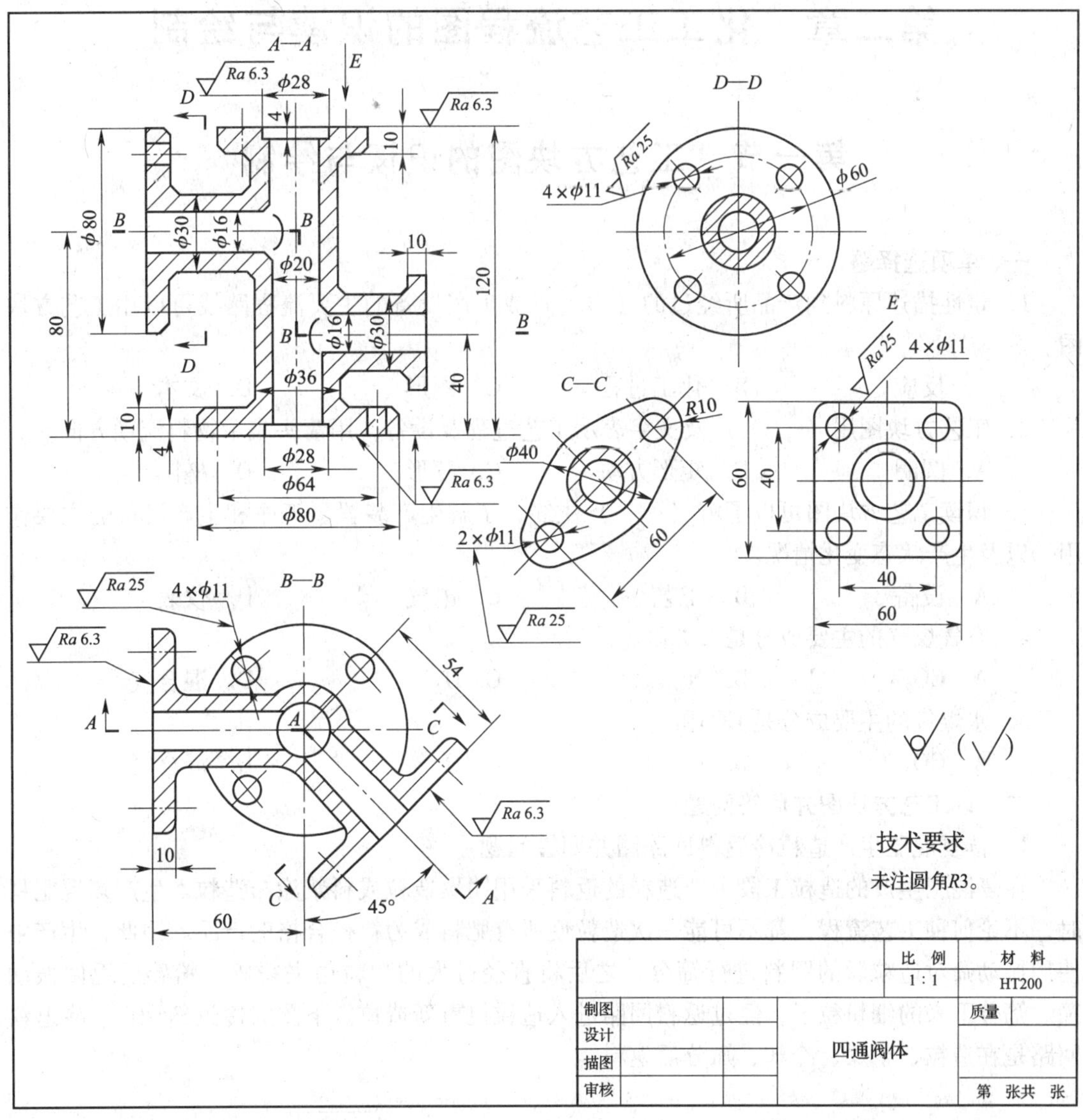

1. 该零件的视图中哪个是主视图？哪些是基本视图？各图形采用了哪些表达方法？

2. 分析各剖视图的剖切面：*A—A* 剖视图采用了____________剖；*B—B* 剖视图采用了________剖；*C—C* 剖视图采用了________剖；

3. *D—D* 剖视图的投射方向如何？标注中的箭头可否省略？*E* 向视图表达部位和投射方向如何？

4. 分析零件的结构形状：四通阀体由主管和左、右侧两管组成，左、右两管之间的相对位置如何？四通阀体的上端面、下底面、左管端面和右侧管端面各是什么形状？分别在哪个视图上反映出来？

5. 分析零件各方向上的尺寸基准。试找出左、右两管的定位尺寸。

6. 零件上哪些面是加工面？哪些面是毛坯面？

第二章　化工工艺流程图的识读与绘制

第一节　工艺方块图的识读与绘制

一、单项选择题

1．定性描述原料到产品所经过的（　　）或生产设备的主要流程路线可以用工艺方块图。

A．反应　　B．化工过程　　C．图形　　D．文本

2．工艺方块图用（　　）及文字表示工艺过程及设备，用箭头表示物料流动方向。

A．圆圈　　B．矩形方块　　C．菱形　　D．椭圆

3．识读工艺方块图可以了解（　　）主线，了解生产装置、工序和生产设备的主要作用，以及生产状态变化情况。

A．设备　　B．工艺　　C．电气　　D．仪表

4．空气煤气的主要成分是 CO 和（　　）。

A．CO_2　　B．N_2　　C．H_2　　D．混合气

5．水煤气的主要成分是 CO 和（　　）。

A．CO_2　　B．N_2　　C．H_2　　D．混合气

二、读工艺方块图并回答问题

1．读复混肥生产造粒冷返料回路图并回答问题

在复混肥生产的造粒工段中，造粒的返料采用团聚造粒或料浆涂布造粒。生产复混肥料时，不论何种工艺流程，都不可能一次造粒使所有肥料成为粒径合格的产品。因此，生产中使用振动筛对造粒后的肥料进行筛分，之后将直径过大的颗粒送去粉碎，粉碎后返回振动筛。筛分下来的细粉粒子，经过返料回路进入造粒机重新造粒。下图为冷返料回路，冷返料回路是在造粒、干燥、冷却、筛分后返料。

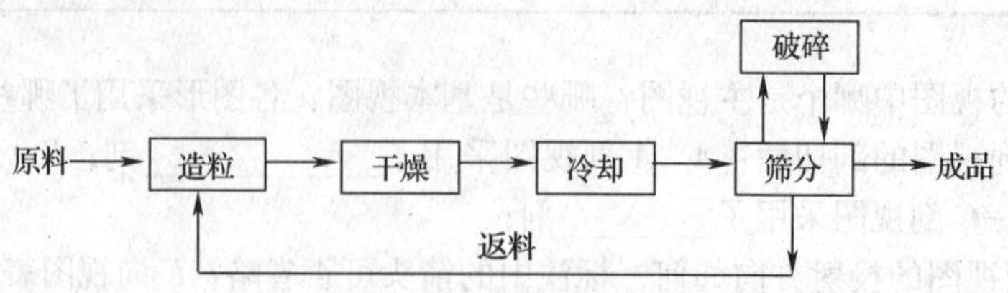

复混肥生产造粒冷返料回路图

（1）从原料到成品经历的工序有____________________。

（2）造粒工序的主要任务是____________________。

（3）在筛分工序中，破碎的目的是____________________。

（4）在筛分工序中，返料的目的是____________________。

2. 读空分制氧系统工艺流程方块图并回答问题

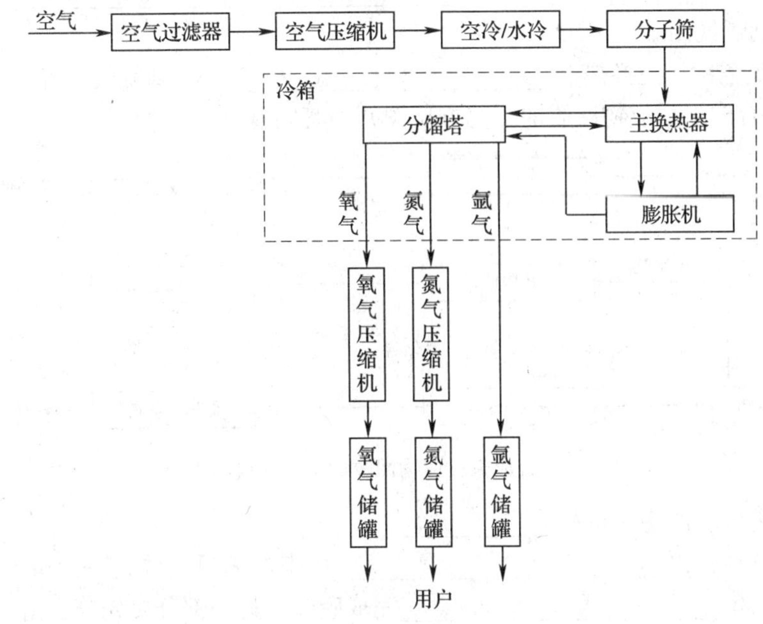

空分制氧系统工艺流程方块图

工艺说明：原料空气经空气过滤器除去杂质，进入空气压缩机提高压力，空冷及水冷使空气降温并分离冷凝水，进入分子筛净化处理，而后进入冷箱系统进行氧气分离得到氧气，由氧气压缩机送入氧气储罐备用。

空分制氧设备各部件作用说明：

（1）空气过滤器用于过滤空气中的杂质（灰尘、悬浮物等）。

（2）空压机为制氧系统提供原料——压缩空气。

（3）空气冷却系统利用空冷及水冷使空气降温并分离冷凝水。

（4）分子筛（压缩空气净化系统）由油水分离过滤器、冷冻干燥机、精过滤器、超精过滤器、大容量活性炭除油器、自动排污阀等组成，以便充分除去油、水杂质，减轻后续氧氮分离装置的负荷。

（5）冷箱系统由主换热器、膨胀机、分馏塔组成，其中分馏塔是进行氧气分离的关键设备。

（6）氧压机系统将精馏得到的氧气输入氧气储罐，氮压机系统将精馏得到的副产品氮气输入氮气储罐，精馏得到的氩气输入氩气储罐。

（7）氧气储罐的作用主要是存储氧气，其次是降低气流脉动，起缓冲作用，从而减小系统压力波动。

提示：

主流程有 7 个方块，即空气过滤器、空气压缩机、空冷/水冷、分子筛、冷箱、氧气压缩机、氧气储罐。副流程有 3 个方块，即氮气压缩机、氮气储罐、氩气储罐。

回答下列问题：

（1）本工艺方块图中原料为____________，产品是__________。

（2）本工艺过程中，空气经过空气过滤器、____到氧气储罐。

（3）辅助流程中，主换热器____________________________到氮气储罐。

3．读尿素合成未反应物回收的工艺方块图并回答问题

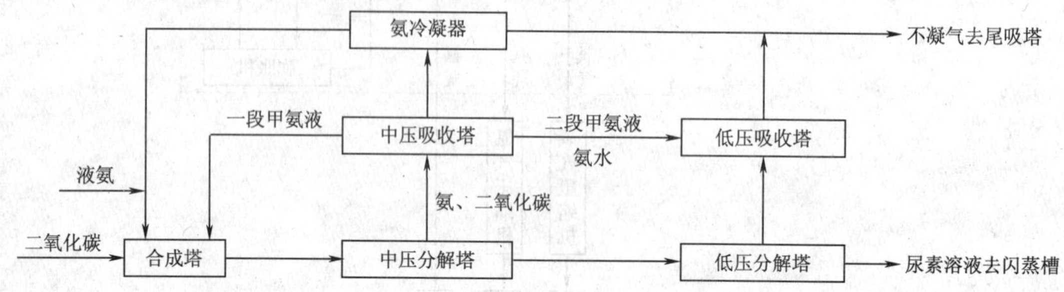

尿素合成未反应物回收的工艺方块图

（1）本工艺方块图中原料是________________________。

（2）工艺路线：由______________________出来的未反应物，一部分经______________________和________________________完成吸收；另一部分要先分别由______________________和____________________，经过______________________处理后分别再完成吸收。

（3）本工艺方块图中使用的主要设备有____________________、____________________________、____________________、____________________、__________________和________________________。

（4）本工艺方块图中的产品是________________________。

4．读羰基合成法生产丁辛醇的工艺方块图并回答问题

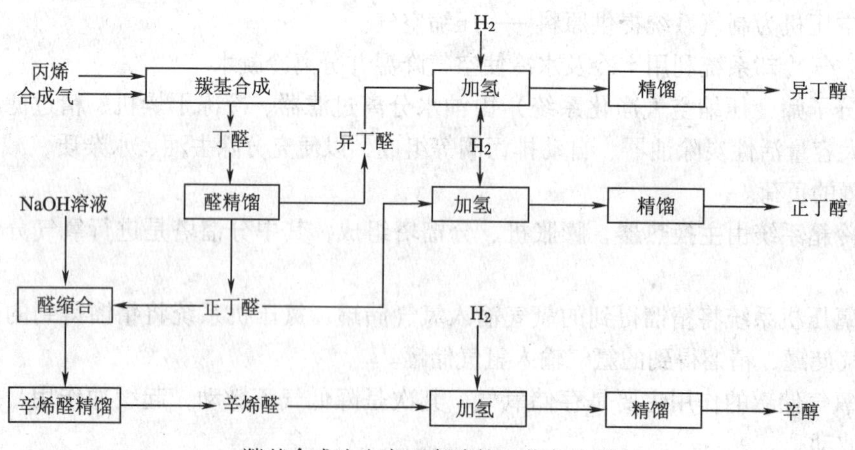

羰基合成法生产丁辛醇的工艺方块图

（1）本工艺方块图中原料为________、________和__________等，产品是__________、________、__________。

（2）本工艺方块图所经过的工艺过程有________、________、________、________等。

（3）生产辛醇的工艺路线是____。

第二节　物料流程图的识读与绘制

读 ACES 尿素生产工艺流程图并回答问题

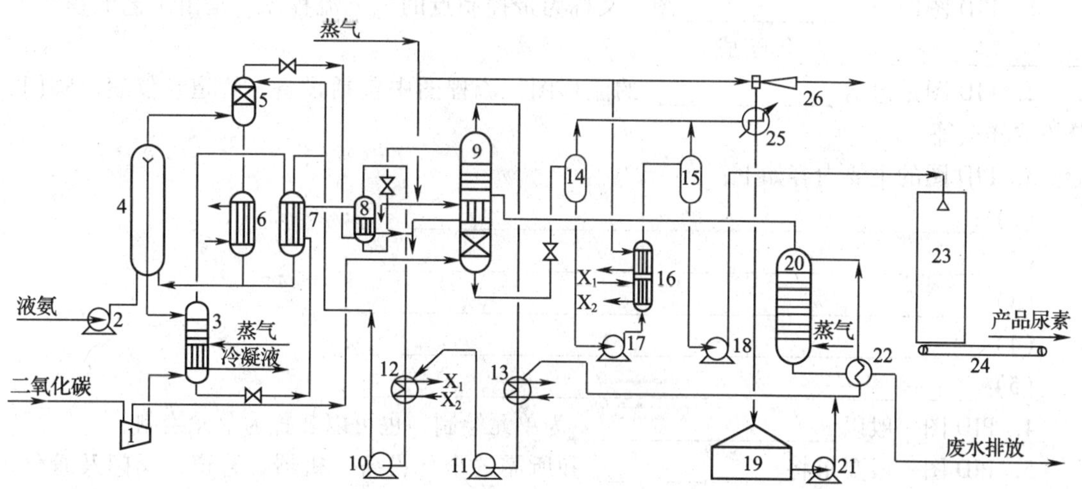

ACES 尿素生产工艺流程图

1—二氧化碳压缩机　2—液氨泵　3—气提塔　4—合成塔　5—洗涤塔　6—第一甲铵冷凝器　7—第二甲铵冷凝器　8—中压分解塔　9—低压分解塔　10—甲铵泵　11—中压吸收泵　12—中压吸收塔　13—低压吸收塔　14—真空浓缩器　15—蒸发分离器　16—蒸发加热器　17—尿素溶液泵　18—熔融尿素泵　19—工艺冷凝液槽　20—解吸塔　21—工艺冷凝液泵　22—解吸塔换热器　23—尿素造粒塔　24—皮带　25—表面冷凝器　26—真空喷射器

1. ACES 尿素生产工艺流程中的原料是____，产品是______________________，排放的是__________。

2. 二氧化碳进入二氧化碳压缩机后经历了____的过程。

3. 液氨进入液氨泵后经历了____的过程。

说明：

1. 尿素的合成分两步：第一步是氨与二氧化碳作用生成氨基甲酸铵（简称甲铵），第二步是甲铵脱水生成尿素。

2. 氨与二氧化碳在合成塔内反应，55% ~72% 转化为尿素（以二氧化碳计），合成塔出来的物料是氨和甲铵的尿素溶液（简称尿液）。

3. 生产固体尿素的方法有结晶法、塔式喷淋造粒法和颗粒成型法。

第三节　管道仪表流程图的识读与绘制

一、填空题

1. PID 图即______________图，又称为带控制点的工艺流程图，是由工艺流程图加____________________等组成。

2. PID 图是包括______________的流程图，流程图中包括设备、管道、仪表、阀门、分析取样点等。

3. PID 图的主要内容如下：

（1）____；

（2）____；

（3）____；

（4）____；

（5）____。

4. PID 图一般以__________________为单元绘制，也可以装置为单元绘制。

5. PID 图一般要求将______________和所需的全部设备、机器、管道、阀门及管件、仪表等尽可能地表示出来，内容更详细。

6. $\frac{TI}{101}$所示的仪表控制点中被测变量是____________，该仪表功能是__________，其安装方式是________________，工序号是______________，顺序号是____________。

7. $\frac{PIC}{102}$所示的仪表控制点中被测变量是______________，该仪表功能是_______________________，其安装方式是________。

8. 设备编号 P1002A 表示该设备类别是______________。

9. 绘制 PID 图布置设备时，应按流程从________到________进行，同时也应兼顾管道的连接。

10. 绘制 PID 图时，静设备一般绘制在图面水平中线__________位置，动设备一般绘制在图面水平中线__________位置。

11. 绘制 PID 图时，设备不必要按____________绘制，总图面的设备应合理分布，应尽可能缩短______________的长度。

12. 绘制 PID 图时，设备位号及名称要标注在流程图的__________或____________，如设备较多或有两排设备，可__________同时标注。

13. 在识读 PID 图时，要了解图中装置的______________________________及其基本结构和主要功能。

14. 在识读 PID 图时，要识读主要物料的______________，也要识读辅助物料的______________。

15. 在识读 PID 图时，要了解仪表控制点的____________________，识读分析取样点。

16. 在识读 PID 图时，要识读管道的________________________。

二、读甲醇回收工艺的 PID 图并回答问题

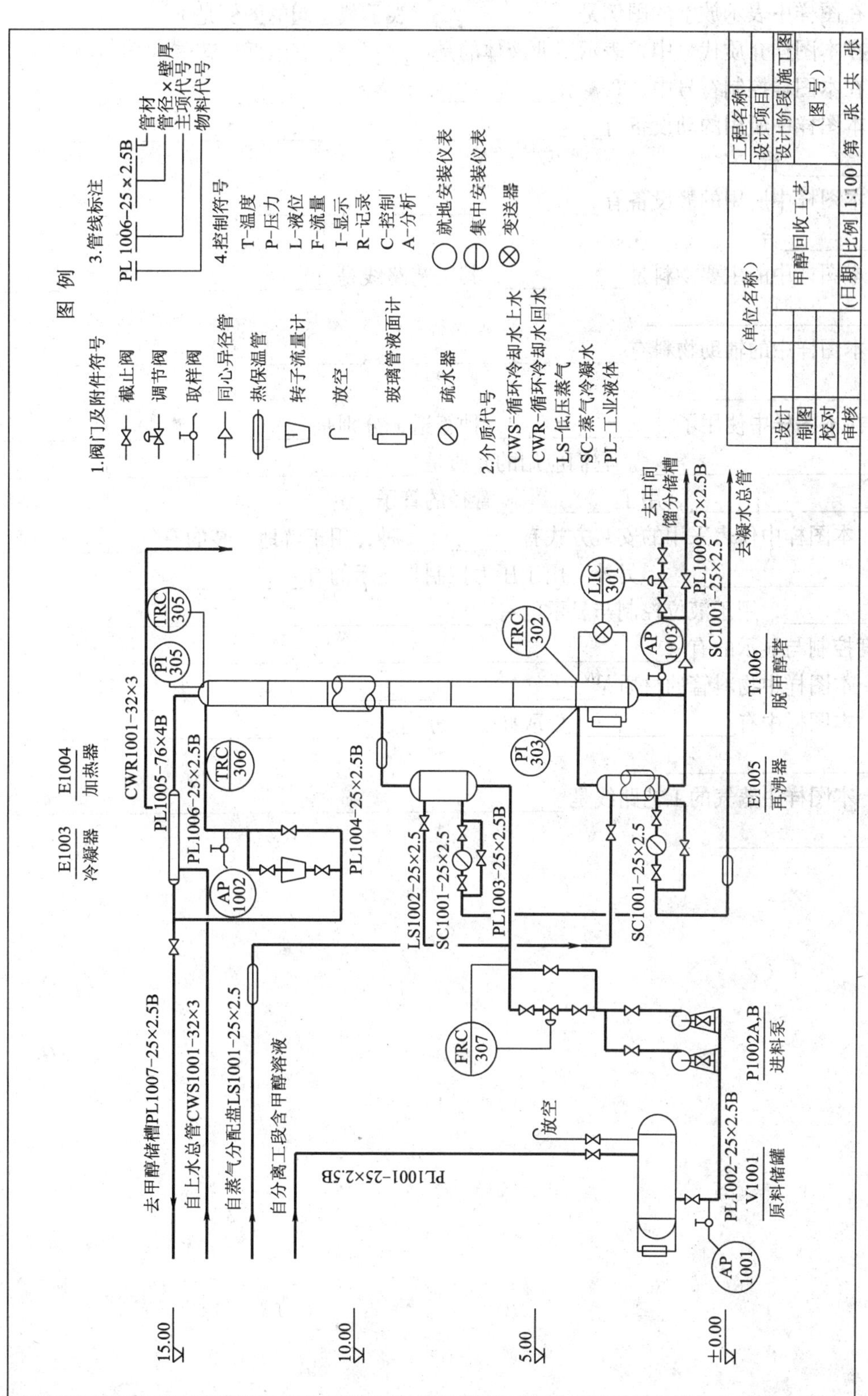

甲醇回收工艺的 PID 图

1. 图样的名称是______________。

2. 在图样中表示放空的图例是____________，表示截止阀的图例是____________。

3. 在本图样介质代号中，表示工业液体的是________，表示低压蒸气的是________。

4. 在本图样控制符号中，T 表示__________，P 表示____________。

5. 本图样中所用的动设备有____，共____________台。

6. 本图样中所用的静设备有____，共____________台。

7. 本图样中的主要物料是__________，其工艺路线是____。

8. 本图样中的辅助物料有____。

9. 在本图样中使用了_______________种管道，分别是____。它们应用的介质是____，用了__________管径的管子。

10. 本图样中仪表采用的安装方式有__________种，用于就地安装的有____。另外，用于压力控制与显示的有____，用于液位控制与显示的有____，用于温度控制与显示的有____。

11. 本图样中物料管的材质是____________________。

12. 本图样中有______________处取样点，分别是____。

13. 本图样中蒸气的工艺路线是____。

第三章　化工设备图与设备布置图的识读

第一节　化工设备与化工设备图概述

一、填空题

1．化工设备是化工生产过程中的________、________、________、________、________、________等生产单元的重要设备。

2．化工设备图是反映化工设备的________、________、________、________和________等技术要求的图样。

3．化工设备的结构特点是________容器为主，______设备较多，多采用________结构，广泛采用________件，______要求高。

4．化工设备图主要包含以下内容：____组视图，必要的__________，______编号和________表，技术________表和技术______，__________，明细栏及标题栏。

5．化工设备图的读图主要步骤是：概括了解，______分析（分析______、分析______________，分析__________），归纳总结。

二、将对应的图片代号填入括号中

下列图中为不同的化工设备，其中（　　）为反应釜，（　　）为立式列管式换热器，（　　）为塔，（　　）为螺旋板式换热器，（　　）为球罐，（　　）为立式储罐，（　　）为阀门。

A.　B. 　C.

D. 　E. 　F. 　G.

第二节　化工设备图的识读

一、读本习题册综合实训中的反应釜设备图，回答问题

1. 该设备的名称是____________，其规格为________________。

2. 反应釜图样中零部件编号共有__________种，其中标准化零部件有____________种，接管口有________个。

3. 反应釜图样采用了____________个基本视图，其中一个是____________视图，采用了________的表达方法；另一个是________视图，采用了__________表达方式。

4. 反应釜图样采用了______个局部放大图，其中 *I* 号放大图主要表示____________与______________的焊接结构与尺寸；*V* 号放大图主要表示____________与______________的焊接结构与尺寸。

5. 反应釜罐体与上部封头通过__________连接，夹套与釜体之间的连接形式为______________。

6. 该反应釜用______个________式支座，支座的垫板与夹套采取______________的方式固定。

7. 反应釜酸液从接管______进入罐内，碱液从接管______进入罐内，反应后的溶液从接管______排出（填序号）。

8. 为了提高反应釜的效率与效果，搅拌器应以__________的速度对物料进行搅拌。

9. 反应釜罐内表面采用涂层材料，其目的是______________和________________。

10. 反应釜的总高为______________mm，总长（宽）为______________mm。

11. 反应釜筒体内径 ϕ1 000 是______________尺寸，650 是____________尺寸。

说明：反应釜是化工厂常用的典型设备，它主要由釜体、传动装置、密封装置和密封结构等组成，主要用于物料混合及反应。

二、读本习题册综合实训中的储罐设备图，回答问题

1. 根据标题栏、明细栏、技术特性表等概括了解

该设备是________，用于____________，内径是________，容积是__________，绘图比例为________。图上零件编号共有__________种，属于标准化零部件的有__________种。工作压力为________，工作温度为__________。

2. 详细分析图样

（1）装配图采用了________________个基本视图，一个是__________视图，另一个是________视图。主视图采用的是__________的表达方法，另一视图采用的是______________的表达方法。还采用了__________个________视图，用来表达________________________。

（2）该设备的椭圆封头（件 14）与筒体（件 5）的连接采用__________结构，由视图________表达，绘制比例是______。

（3）设备使用两个________进行支撑，共有管口________个，管口尺寸在__________表中可查得；进料口是________，位于设备的____________；出料口是__________，位于设备的__________；在设备的左端设有两个____________接口；设有一个排气口，位于设备的

__________。

（4）法兰 40 –2.5（件 12）的含义是________________。

（5）本设备焊接采用的焊条是__________________，接头形式及尺寸符合____________________的相关规定。设备制作完成后应做____________试验。表面应涂__________________漆。

3. 总体了解

该设备的总长度为____________，总高度为____________。筒体直径为____________，长度为________________。鞍座支撑距离为________________。

三、读冷凝器设备图，回答问题

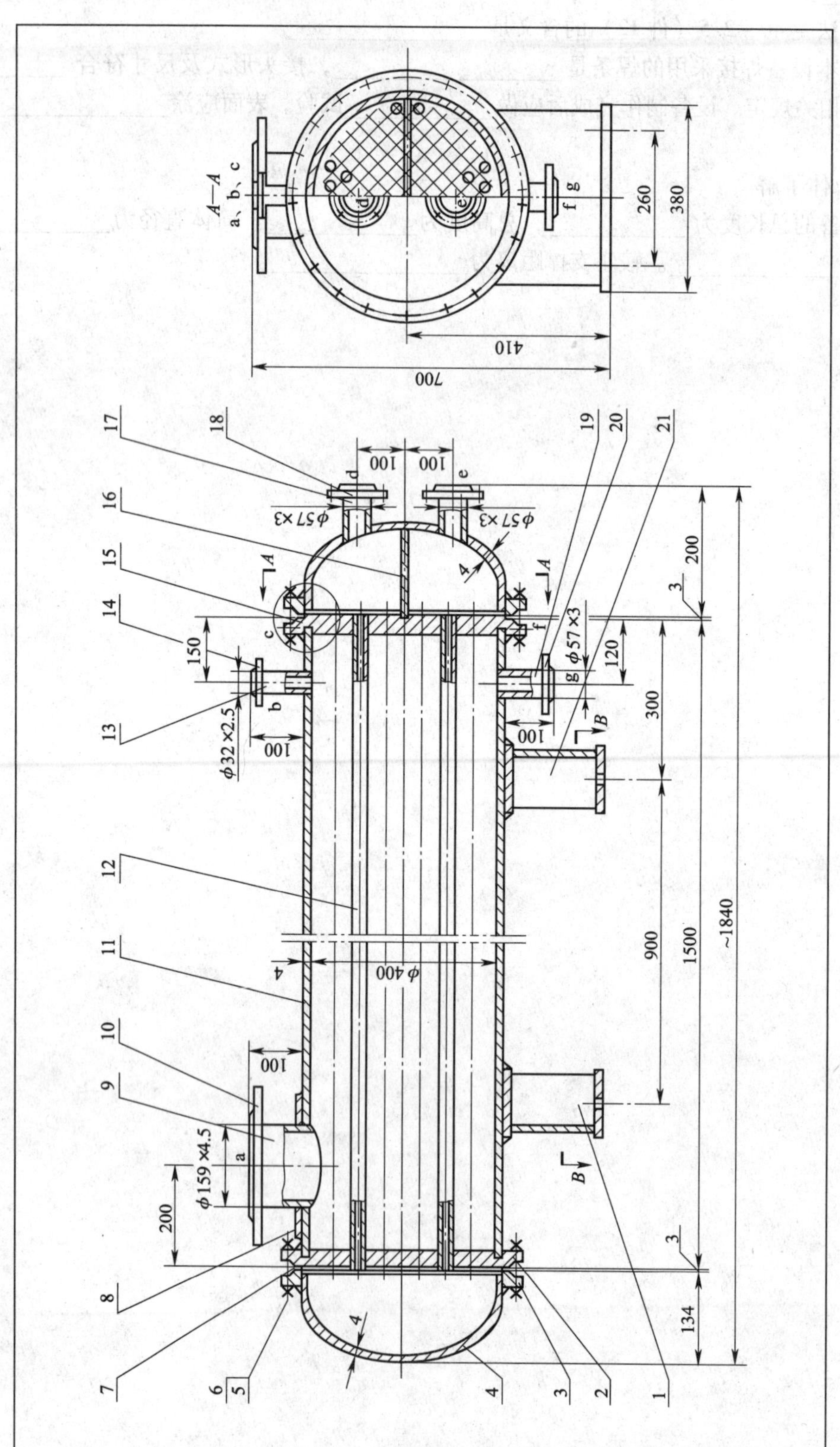

冷凝器装配图（一）

冷凝器装配图（二）

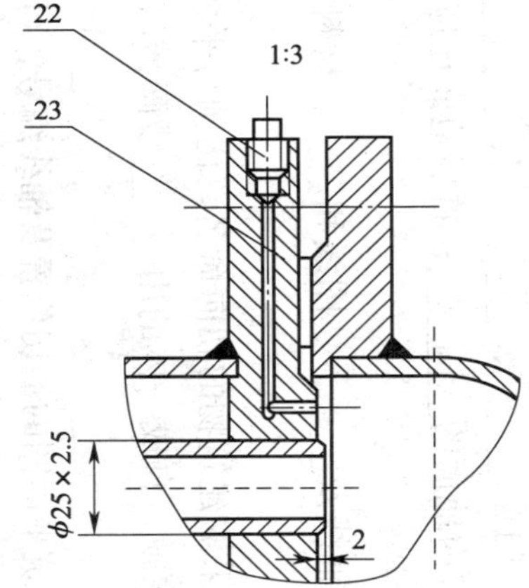

22
23
1:3
φ25×2.5
2

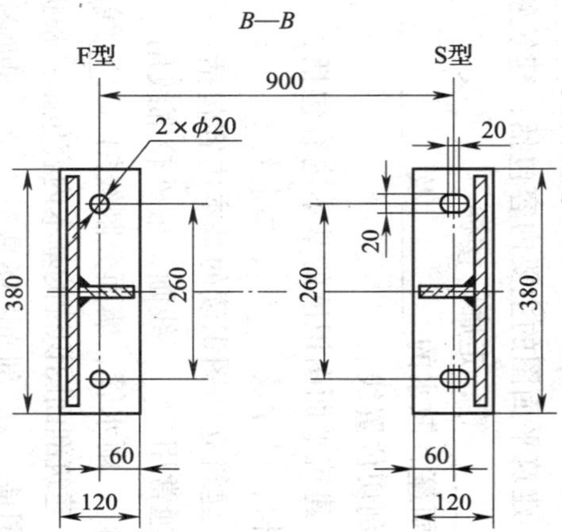

B—B
F型
S型
900
2×φ20
20
380
260
260
20
380
60
120
60
120

技术要求

1. 本设备按JB/T 1147《钢制列管式换热器技术条件》和JB/T 741《钢制焊接容器技术条件》进行制造、试验和验收。

2. 本设备全部采用电焊，焊条型号为E4303。

3. 焊接接头形式按GB/T 985规定，对接接头采用V型，T型接头采用◺型，法兰焊接按相应标准。

4. 设备制成后，管间以0.2MPa水压试验后，再以0.1MPa进行气密试验；管内以0.45MPa水压试验。

5. 设备外表面涂漆。

技术特性表

内容	管内	管间
工作压力(MPa)	0.3	0.15
设计温度(℃)	20	55
物料名称	水	料气
换热面积(m^2)	17	

管口表

符号	公称尺寸	连接尺寸，标准	连接面形式	用途或名称
a	150	JB/T 4737—1995	平面	料气入口
b	25	JB/T 81—1994	平面	放空口
c		G1/4	螺纹	排气孔
d	50	JB/T 81—1994	平面	出水口
e	50	JB/T 81—1994	平面	进水口
f		G1/4	螺纹	放水口
g	50	JB/T 81—1994	平面	冷凝液出口

设备总质量：850kg

序号	标准号	名称及规格	数量	材料	备注
23		垫片 400-1.6	1	橡胶石棉板	
22		管堵 G1/4	2	Q235A	
21	JB/T 4712	鞍座 B I 400-F	1	Q235AF	
20	JB/T 81	法兰 50-1.6	1	Q235A	
19		接管 φ57×3	1	10	l=110
18	JB/T 81	法兰 50-1.6	2	Q235A	
17		接管 φ57×3	2	10	l=120
16		隔板	1	Q235A	l=6
15		管板	1	Q235A	l=22
14	JB/T 81	法兰 25-1.6	1	Q235A	
13		接管 φ32×2.5	1	10	l=110
12		接管 φ25×2.5	98	10	l=1510
11		筒体 DN400×4	1	Q235A	H=1465
10	JB/T 81	法兰 150-1.6	1	Q235A	
9		接管 φ159×4.5	1	10	l=120
8	JB/T 4736	补强圈 d_N150×4-C	1	Q235A	
7	JB/T 4704	垫片 400-1.6	1	橡胶石棉板	
6	JB/T 41	螺母M16	40		
5	JB/T 5780	螺栓M16×60	40		
4	JB/T 4737	椭圆封头DN400×4	2	Q235A	
3	JB/T 4701	法兰 P II 400-1.6	2	Q235A	
2		管板	1	Q235A	l=22
1	JB/T 4712	鞍座 B I 400-S	1	Q235AF	

			比例	材料
			1∶10	
制图		冷凝器 F=17m^2	质量	
设计				
描图				
审核			第 张 共 张	

1. 冷凝器装配图上零部件编号共有______种，其中，标准化零部件有______种。

2. 冷凝器装配图上采用了______个基本视图。它们分别是____。

3. 冷凝器装配图的主视图采用________________表达方法，右视图采用________________________表达方法。

4. *A—A* 剖视图表达了 F 型和 S 型________支座。

5. 冷凝器装配图采用__________个局部放大图，主要表达__________、____________和____________。

6. 冷凝器共有______根管子，管内走水，管外走气体。

7. 接管口有______个。

8. 冷凝器的内径为____ mm，外径为______mm。

9. 冷凝器设备总长为______mm，总高为________mm 。

10. 换热管长为____________mm，壁厚为________ mm。

说明：

冷凝器是一种换热器，是进行热量交换的通用设备。在化工生产中，流体加热、冷却或液体汽化、蒸汽冷凝等过程均需要进行热量交换。

第三节　建筑基本图样的内容与识读

一、填空题

1. 表达建筑设计意图和指导施工的图样称为________________。

2. 建筑图样的基本图样有________图、________图和________图。

3. 建筑平面图主要表示表示建筑物的____布局，反映房间的____、____、____，____的位置，内外联系，门窗类型、位置，以及楼梯形式、位置、走向等。

4. 建筑立面图主要表示建筑物的_____，反映建筑物的________________。

5. 建筑剖面图主要反映建筑物的____。

6. 建筑平面图的主要内容包括：建筑物及其组成房间的________、__________、______和__________等；走廊、楼梯______及______，门窗______、________及________；台阶、阳台、雨篷、散水的________及__________；室内地面的________；首层地面还应画出________的剖切位置线。

7. 建筑平面图识读的基本内容包括：定位轴线及______、图线和____、材料图例、门窗、楼梯、尺寸及______、指北针。

8. 建筑立面图识读的基本内容包括：一般采取建筑物的朝向命名，比例与平面图一致，地平线通常用______线画，最外轮廓线用____线画，自成一体的用______线画，门、窗、雨篷、台阶、雨水管、墙面分割线用______线画。

9. 建筑剖面图识读的基本内容包括：根据建筑平面图的剖切位置及轴线编号，可以知道建筑剖面图是______剖面图还是________剖面图；建筑剖面图的比例与建筑平面图和建筑立面图一致；剖切到的墙、板、梁构件的断面轮廓线为____线，剖切面后面的可见轮廓线为____线。

二、根据建筑制图标准加深下图中的图线，补全图中所缺尺寸，注写轴线的编号及门（M）、窗（C）的编号

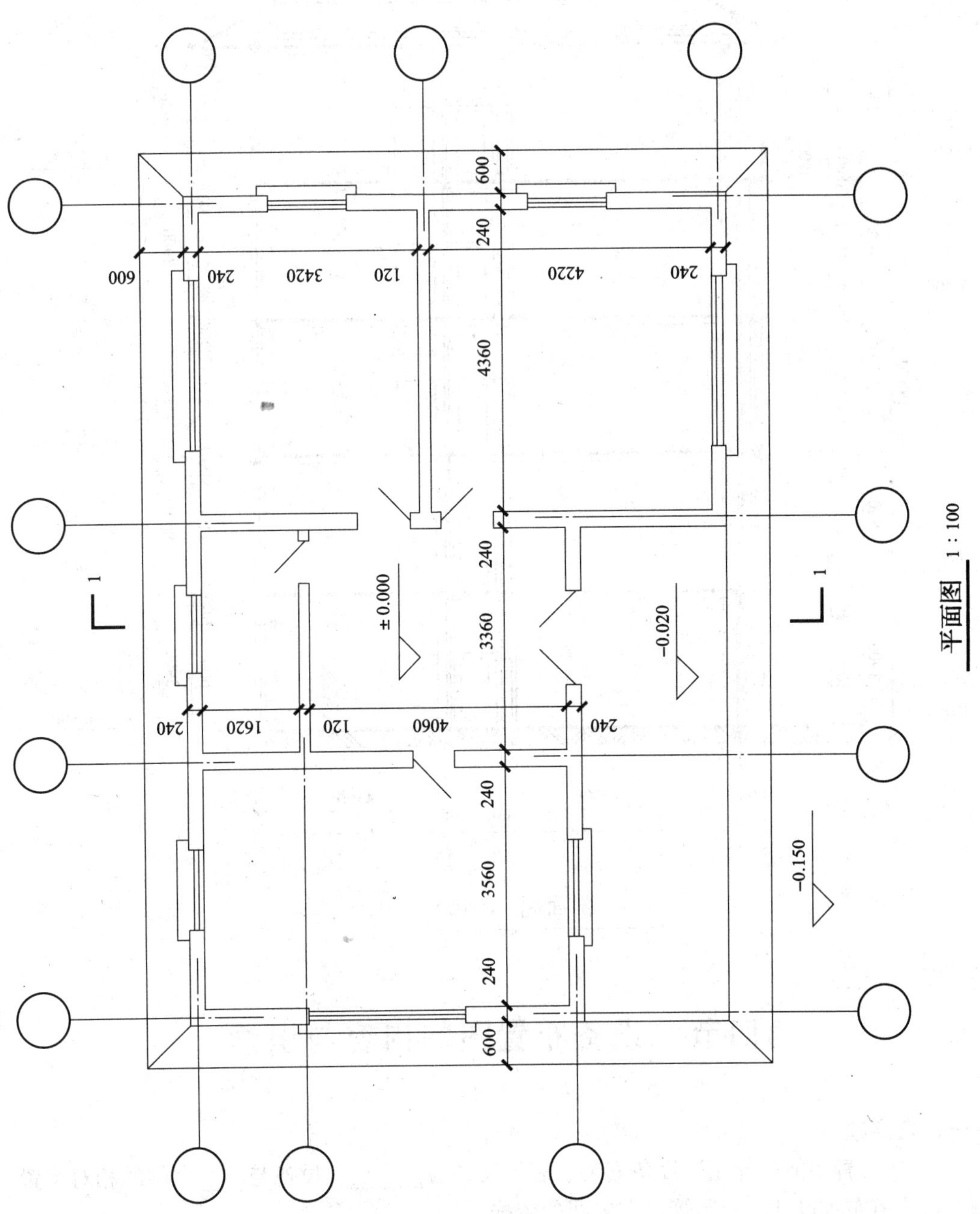

三、读建筑剖面图，回答问题

该剖面图的比例是______________，反映的建筑有__________层，底楼的标高是____________，顶楼的标高是__________。该剖面图反映的建筑的层高是______________，屋檐下口的标高是________________。

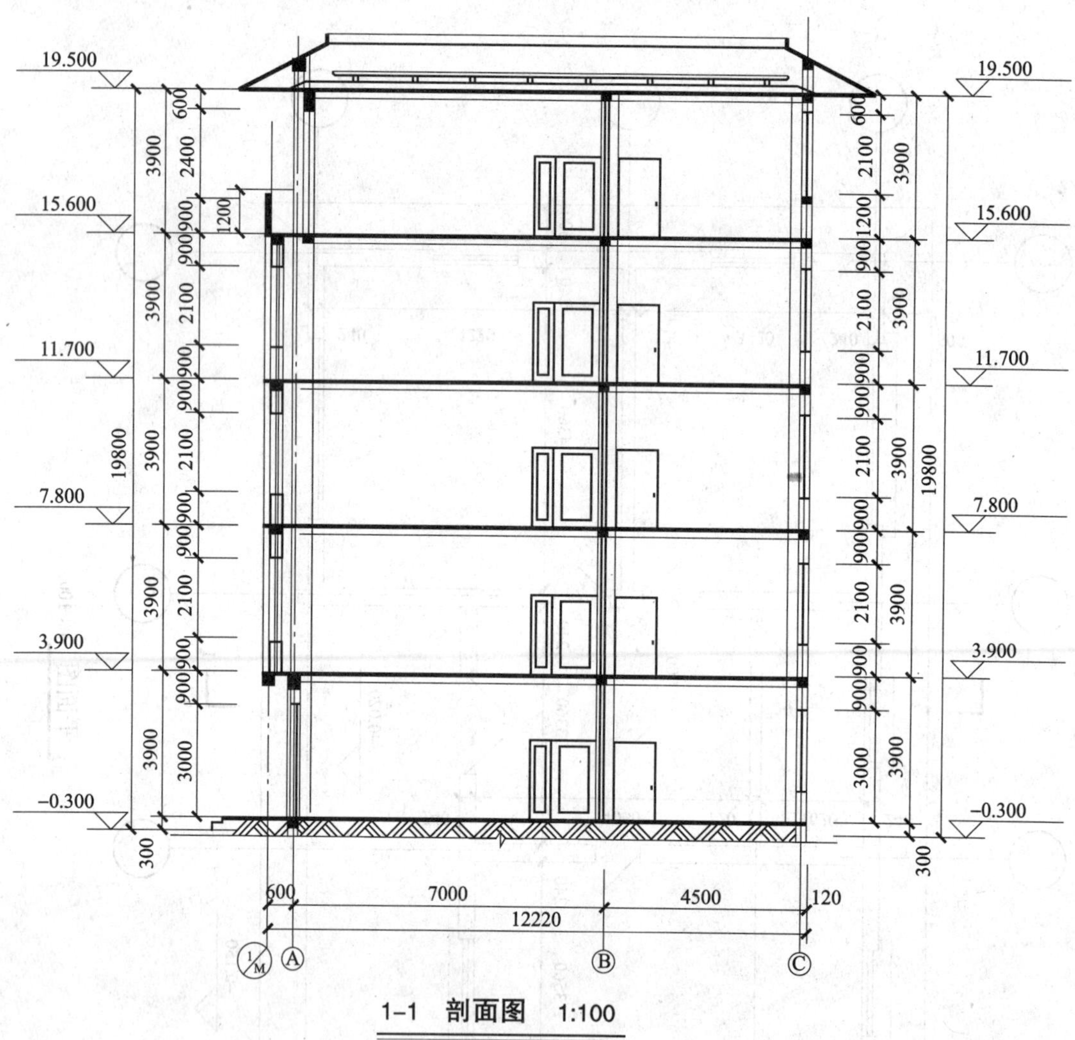

1–1　剖面图　1:100

第四节　设备布置图的内容与识读

一、填空题

1. 设备布置图能指导化工设备安装、表示设备与______、设备与____之间的相对位置，也是进行管道布置设计、绘制管道布置图的依据。

2. 设备布置图的主要内容包括____组视图、____标注、安装方位标、标题栏等。

二、读设备布置图，回答问题

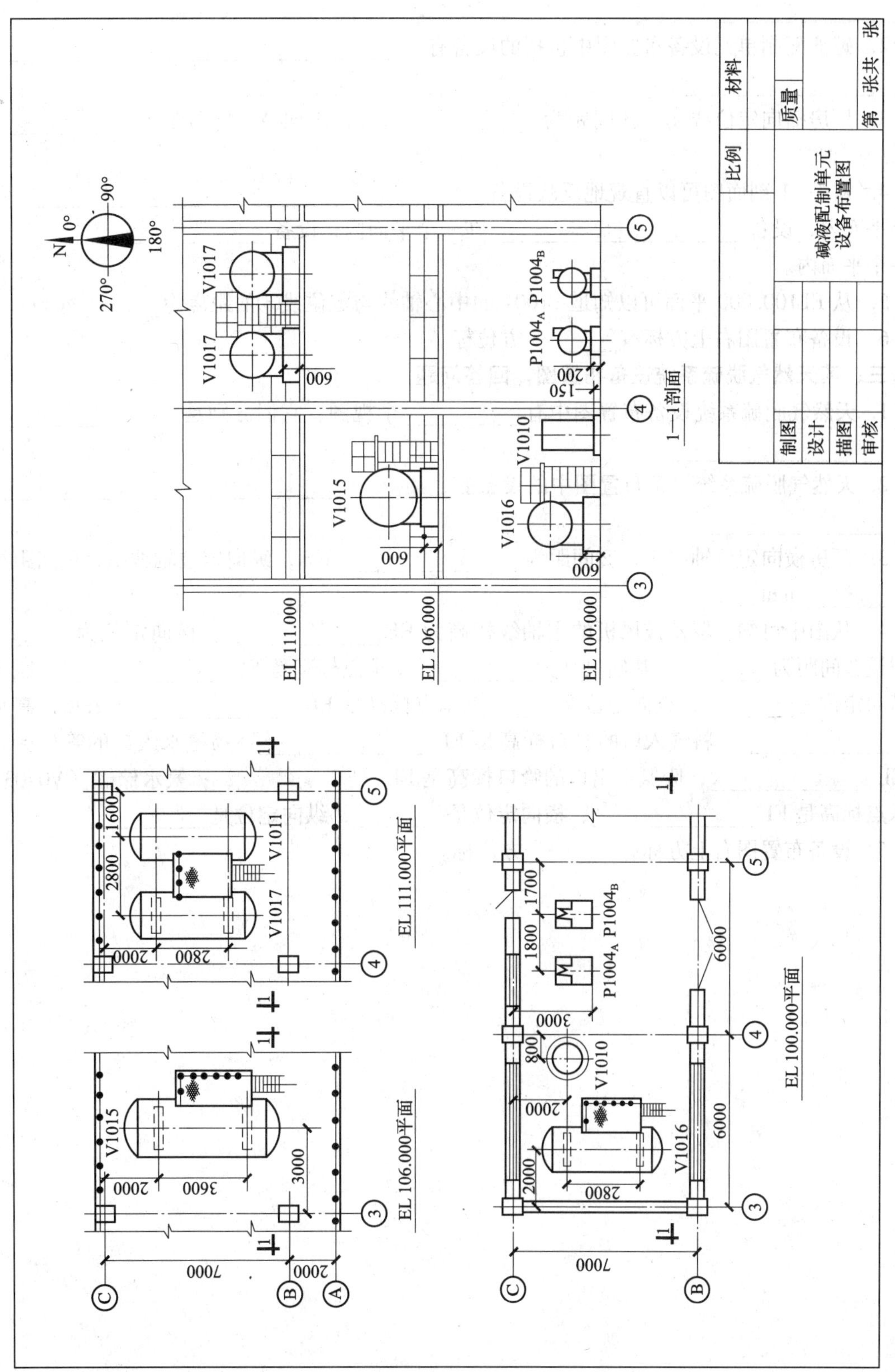

1. 碱液配制单元设备布置图中有__________个视图，它们分别是____。

2. 碱液配制单元设备布置图中包括的设备有____。

3. 厂房横向定位线④、⑤间距为____________mm，纵向 A、C 间距为____________mm。

4. 从 1—1 剖面图可以直观地反映设备________________________在一个平面内，设备____________________在一个平面内，设备____________________在一个平面内。

5. 从 EL100. 000 平面可以知道 P1004 的中心轴线与定位线⑤的距离为________mm。

6. 设备布置图右上方标有________方位标。

三、读天然气脱硫系统设备布置图，回答问题

1. 天然气脱硫系统设备布置图中有__________个视图，它们分别是____。

2. 天然气脱硫系统设备布置图中的设备有____。

3. 厂房横向定位轴线①、②间距为________________mm，纵向定位轴线 A、B 间距为____________mm。

4. 从图中可知，罗茨鼓风机的主轴线标高为 EL ____________，横向定位为______，相同设备间距为________，基础尺寸为________，支承点标高是 EL ______________。脱硫塔横向定位是________，纵向定位是____，支承点标高是 EL ______________，塔顶标高是 EL ______________，料气入口的管口标高是 EL ______________，稀氨水入口的管口标高是 EL ______________，废氨水出口的管口标高是 EL ______________；氨水储罐（V0703）支承点标高是 EL ______________，横向定位是________，纵向定位是__________。

5. 设备布置图右上方标有________方位标。

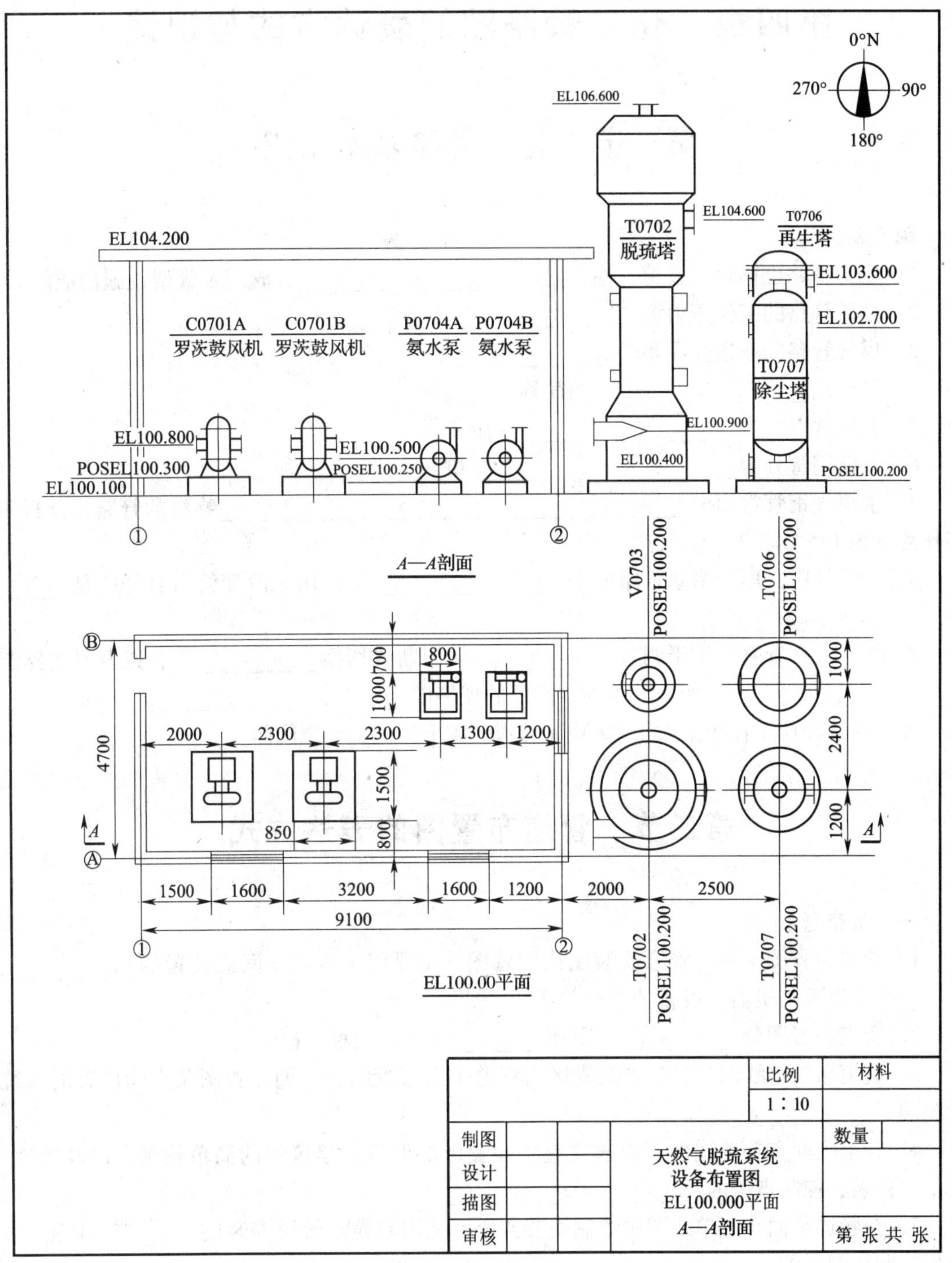
0°N
270°
90°
180°
EL106.600
EL104.600
T0702
脱琉塔
T0706
再生塔
EL103.600
EL102.700
T0707
除尘塔
EL104.200
C0701A
罗茨鼓风机
C0701B
罗茨鼓风机
P0704A
氨水泵
P0704B
氨水泵
EL100.800
POSEL100.300
EL100.100
EL100.500
POSEL100.250
EL100.900
EL100.400
POSEL100.200
A—A剖面
V0703
POSEL100.200
T0706
POSEL100.200
T0702
POSEL100.200
T0707
POSEL100.200
EL100.00平面
比例
1∶10
材料
数量
制图
设计
描图
审核
天然气脱琉系统
设备布置图
EL100.000平面
A—A剖面
第 张 共 张

第四章　化工管路图的表达方式与识读

第一节　化工管路基本知识

填空题

1. 化工管路也称化工管道，通常是由________、________、阀门及管架设施构成的。

2. 高压管路的工作压力为________________。

3. 煤气管路的输送介质是________________。

4. 管件是________________的简称。

5. 管线常以________、________命名。

6. 有缝钢管分为________、________和________三种。

7. 水煤气钢管常用做________________________________物料的管路，其极限工作温度为175℃。

8. 在管件中，用于堵塞管路的是________________，用于改变管道直径的是________________________。

9. 阀门是在管路中用于调节________、切断或切换________，以及对管路起________、________作用的管件。阀门的规格以________________表示。

10. 控制介质工作压力大于10 MPa的阀门属于________压阀门。

第二节　管道布置图的表达方式

一、填空题

1. 管道布置图又称为管道安装图或配管图，主要用于表示车间或装置的________、________，以及与机器、设备的连接关系。

2. 管道布置图分________图和________图两种。

3. 管道布置单线图包括生产装置区内管道平面布置图、立面布置图及空间位置的系统轴测图、________。

4. 管道平面布置单线图用以表达整个装置区的设备、建筑物的简单轮廓，以及管道、阀门、仪表、控制点等的________及________。

5. 在管道平面布置单线图中绘制安装方位标是用来表示管道安装的________基准。方位标绘制在图样的________。

6. 在管道平面布置单线图中建筑物的承重墙、柱、梁等主要承重构件的位置都要画定位轴线，定位轴线标注编号的原则是：在水平方向，________________；在垂直方向，________________。

7. 管道平面布置单线图的图幅尽可能采用________或________，不宜________。

8. 一般公称直径大于或等于________________mm 时，采用双线表示管道。

9. 管子向下 90°转折的画法是________________。

10. 管道转弯时，小于 50 mm 的弯头一律用_________表示。

11. 管道空间交叉造成投影重叠时，可把_____________断裂表示。

12. 在管道布置单线图上，设备中心线上方要标注与流程图一致的_____________，在下方标注设备支撑点的标高。

13. 管道布置单线图的标注应以________________为主，要在其上标注出所有管道的_________、标高及管道编号。

14. 管道安装标高一般均以室内_________为基准，而 EL105.200 表示管道安装的标高以_________为基准。

15. 管道布置单线图中的管道编号应与______________图一致。

16. 管道轴测单线图是用来表达一个设备至另一设备、或某区间一段管道的_______________，以及管道上所附管件、阀门、仪表控制点等________________的立体图样。

17. 一般管道轴测单线图按________________原理进行绘制。

18. 管段图反映的是个别局部管道，原则上一个_________画一张。

19. 绘制管段图可以不按比例，根据___________确定尺寸。

20. 绘制管段图时，阀门要画出阀门手轮与阀杆的方位和位置，手轮用_________表示，阀杆中心线按___________方向画出。

21. _____________的尺寸一般用标高示意，不标注标高尺寸。

22. 管件、阀门的尺寸标注指从___________到___________的距离。

二、识读管道单线图的表达方式，将编号填入相应的括号内

(1)　　(2)　　(3)　　(4)

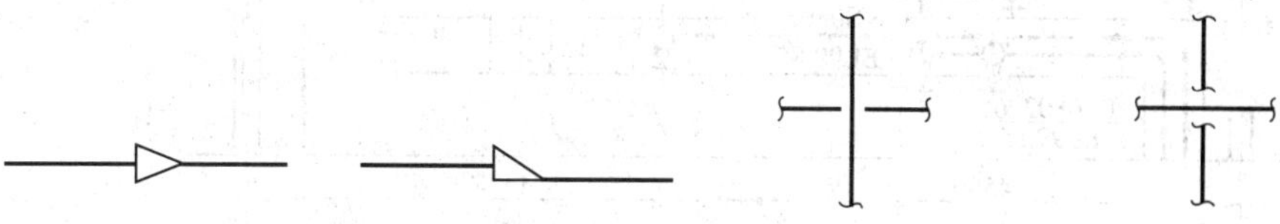

(5)　　(6)　　(7)　　(8)

(9)　　(10)　　(11)

管道螺纹连接（　）　管道法兰连接（　）　管道焊接连接（　）　管道承插连接（　）　偏心异径管连接（　）　同心异径管连接（　）　被遮管断开（　）　上面管断开（　）　向下 90°弯折（　）　向上 90°弯折（　）　大于 90°弯折（　）

第三节　管道布置单线图的识读

一、识读某工段管道布置单线图，并填空

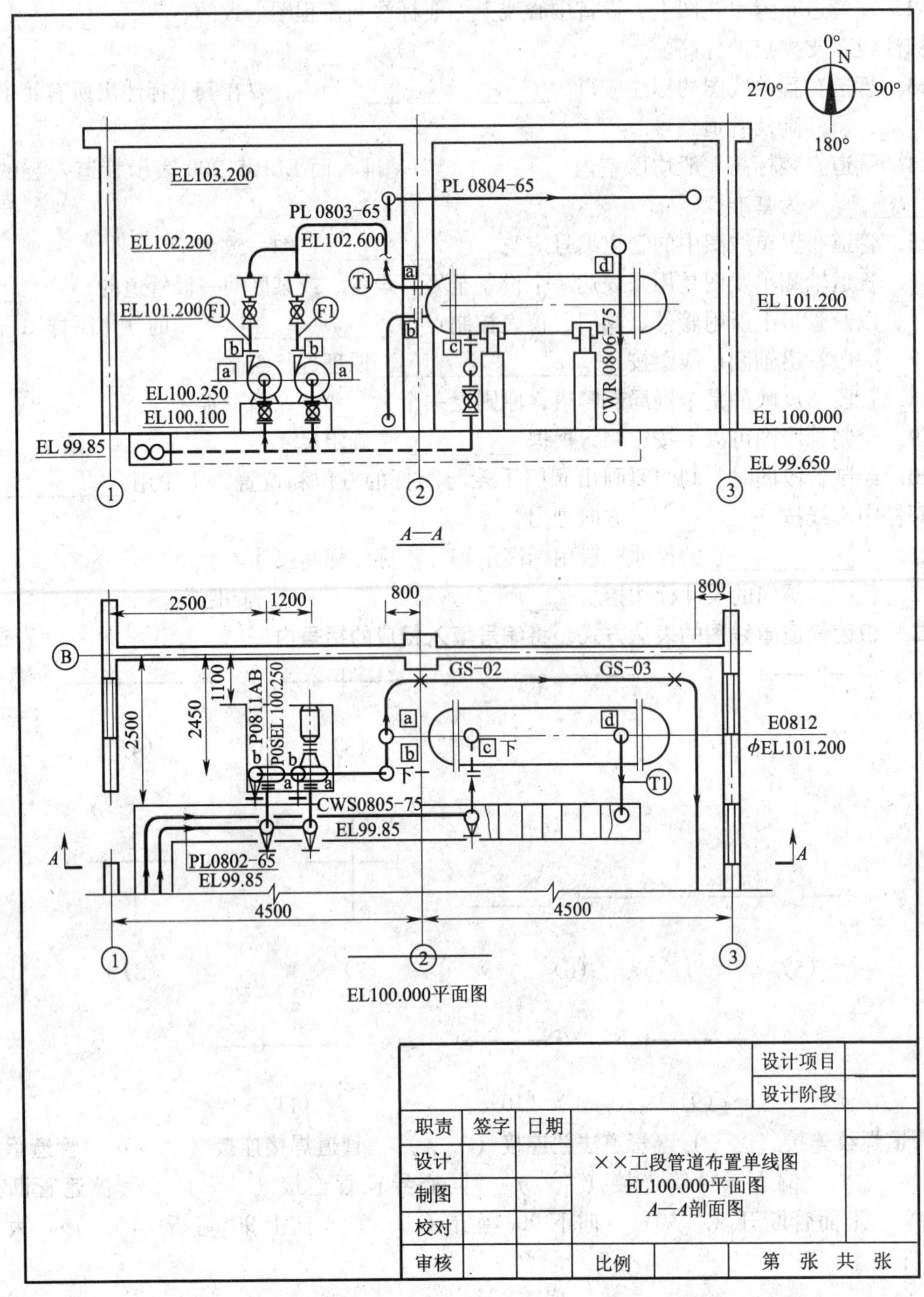

1. 概括了解

（1）该图画出了设备＿＿＿＿＿和＿＿＿＿＿的＿＿＿＿个接口与设备＿＿＿＿＿＿的＿＿＿＿＿个管口的管道布置情况。

（2）该图用了＿＿＿＿＿＿个视图，一个是＿＿＿＿＿＿＿图，一个是＿＿＿＿＿＿图。

2. 建筑物构造尺寸了解

（1）图中厂房有纵向定位轴线＿＿＿＿＿＿＿＿＿＿，横向定位轴线①、②、③的间距为＿＿＿＿＿m。建筑物轴线②确定了设备＿＿＿＿容器法兰面的定位，离心泵轴线距纵向定位轴线Ⓑ＿＿＿＿＿m。

（2）离心泵基础标高为＿＿＿＿＿＿＿＿，冷却器中心标高为＿＿＿＿＿＿＿＿＿。

3. 了解管道概况

（1）按管口分析，离心泵有两部分管道：一部分是原料自＿＿＿＿＿＿＿＿出来，分别进入＿＿＿＿＿＿＿＿；另一部分是从＿＿＿＿＿＿＿＿出来后汇集在一起，从冷凝器的＿＿＿＿＿＿＿＿进入管程。

（2）冷凝器有四部分管道：原料入口由离心泵来；原料出口向上位置最高，在冷凝器＿＿＿＿＿＿＿＿离去；冷凝器＿＿＿＿＿＿＿来自地沟的冷却上水管；冷却水从冷凝器的＿＿＿＿＿＿＿＿出来后，又进入地沟。

4. 详细查明管道走向、管道编号和安装高度

（1）设备 E0812 的管口均为＿＿＿＿＿＿＿＿连接，设备 E0812 左端出口管道编号为＿＿＿＿＿＿＿＿＿＿＿，由冷凝器左端上部出来后，向上在标高为＿＿＿＿＿＿＿＿处向后拐，再向＿＿＿＿＿至冷凝器的＿＿＿＿＿方，最后＿＿＿＿＿离去。

（2）设备 E0812 的循环上水管编号为＿＿＿＿＿＿＿＿＿＿，从地沟出来，沿地面向＿＿＿＿＿，再向＿＿＿＿＿进入冷凝器底部入口。

（3）设备 P0811AB 的出口管道编号为＿＿＿＿＿＿＿＿，标高为＿＿＿＿＿＿＿，由 P0811A 出口向＿＿＿＿＿＿与 P0811B 管道汇合后，向＿＿＿＿＿＿＿，再下至地面，再向＿＿＿＿＿＿＿＿，最后向右进入冷凝器左端入口。

（4）编号为＿＿＿＿＿＿＿＿＿的循环回水管道，从冷凝器的上部出来向＿＿＿＿＿，再向＿＿＿＿＿＿＿进入地沟。编号为＿＿＿＿＿＿＿＿＿的原料进口管道，从地沟出来向＿＿＿＿＿＿，进入离心泵入口。

5. 了解管道上阀门管件、管架安装情况

（1）两离心泵的出、入口共安装了＿＿＿＿＿＿＿个阀门，在泵的出口阀门后的管道上使用了＿＿＿＿＿＿＿＿＿管接头，冷凝器的＿＿＿＿＿处装有一个阀门。

（2）在冷凝器＿＿＿＿＿＿处编号为＿＿＿＿＿＿＿＿＿＿的管道两端，使用了编号为＿＿＿＿＿＿＿＿＿＿的通用型托架。

6. 了解仪表、采样口、分析点的安装情况

（1）在离心泵的出口处，装有＿＿＿＿＿＿＿＿＿＿＿＿仪表。

（2）在冷凝器的物料出口处，装有＿＿＿＿＿＿＿＿＿＿仪表。

（3）在冷凝器的循环回水出口处，装有＿＿＿＿＿＿＿＿仪表。

二、识读润滑油精制工段管道布置图，并填空

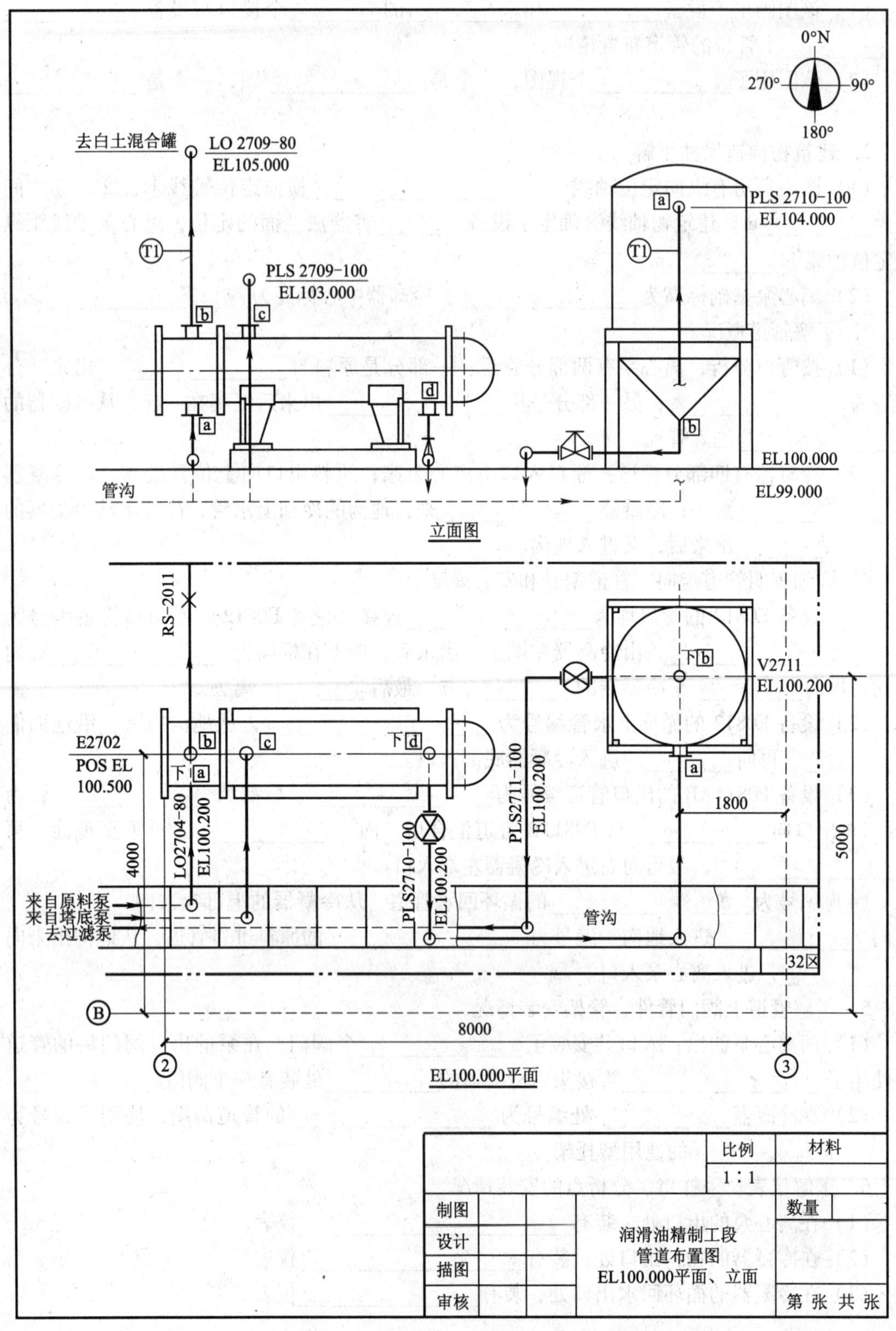

			比例	材料
			1：1	
制图		润滑油精制工段 管道布置图 EL100.000平面、立面	数量	
设计				
描图				
审核			第 张 共 张	

1. 概括了解

（1）该图画出了设备________的_____个管口和设备_____________的_________个管口的管道布置情况。

（2）该图共用了_________个视图，一个是___________图，一个是_____________图。

2. 了解厂房建筑的构造尺寸

（1）图中厂房有纵向定位轴线__________________，横向定位轴线②、③的间距为__________m。建筑物轴线②确定了设备___________容器法兰面的定位，该设备轴线距纵向定位轴线Ⓑ_________m。

（2）建筑轴线③确定了设备__________________中心线的横向定位为___________m，其中心距纵向定位轴线Ⓑ_________m。

3. 分析管道，了解管道情况

按管口分析，有三部分管道：润滑油原料自原料泵沿管沟方向来，从换热器__________________进入，从__________________出来，去白土混合罐；塔底白土与润滑油混合物料自塔底泵来，从换热器_________________________进入，从换热器壳程下部ⓓ出来，然后去设备_____________________；中间罐底部管道沿____________________去过滤泵房。

4. 详细查明管道走向、管道编号和安装高度

（1）设备 E2702 的管口均为_________________连接，设备 E2702 壳程出口管道编号为________________________，管道从出口开始，先向_______，沿地面再向_______，然后向_________进入管沟，在管沟里向_________，再向上出管沟，最后拐向_______，从设备 V2711 的上部进入。其管口标高为_________m。

（2）设备 V2711 的底部管道编号为_______________，自设备底部向_______，沿地面拐向_______，再向_______，然后进入管沟。

5. 了解管道上阀门管件、管架安装情况

（1）设备 E2702 管程出口管道 LO2709－80 的___________标高为 EL105.000 m，经过编号为_______________的管架去白土混合罐。

（2）在设备___________的入口管道上安装有_________仪表；在设备___________的出口管道上安装有___________仪表。

三、识读管道轴测图，并填空

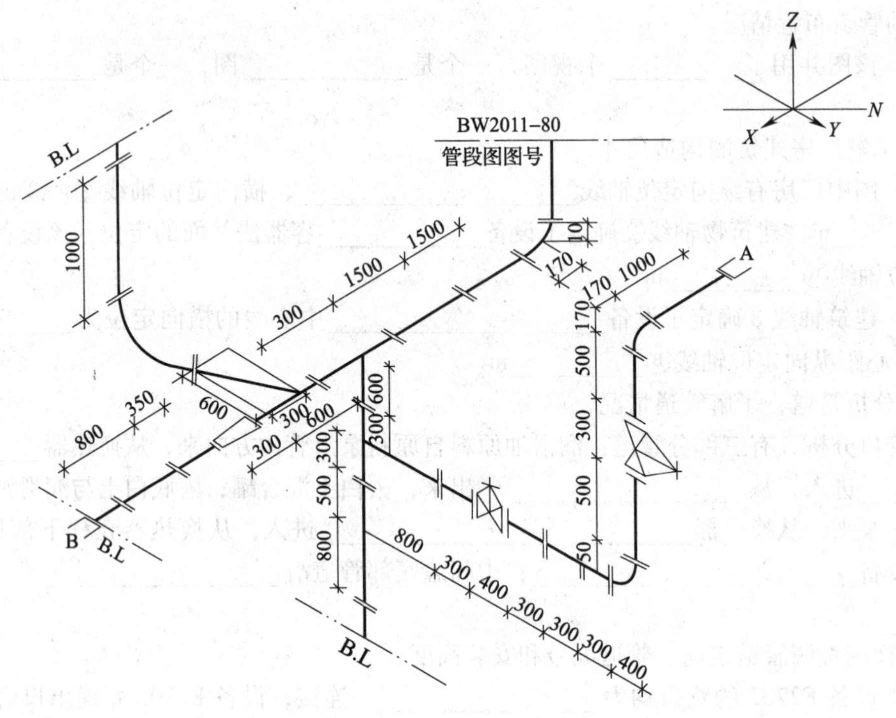

1. 此段管道轴测单线图中包括了______个弯头、______个阀门和部分管子。

2. 弯头、阀门和部分管子采用__________连接和__________连接，而所有弯头和阀门均采用__________连接。

3. 从管口 A 到管口 B 的管程中第一个阀门的朝向是________________，第二个阀门的朝向是________________。

4. 管口 A 到管口 B 的管道走向是：从 A 管口开始，先向________，再向________，然后向__________，再向____________，最后向__________到达管口 B。

5. 管口 B 处使用了一个____________接头。

第五章　AutoCAD 绘图基本知识

第一节　AutoCAD 基本知识

一、单项选择题

1. 用 AutoCAD 绘制几何图形，首先是确定绘图（　　）。

A. 方法　　B. 步骤　　C. 尺寸　　比例

2. AutoCAD 可用于二维及（　　）维图形设计，也可用来创建、浏览、管理、打印、输出、共享及准确使用富含信息的设计图形。

A. 四　　B. 一　　C. 多　　D. 三

3. AutoCAD 2010 可以用（　　）种方法启动。

A. 四　　B. 一　　C. 三　　D. 二

4. 单击“（　　）→程序→Autodesk→AutoCAD 2010 Simplified Chinese →AutoCAD 2010”可实现启动 AutoCAD 2010。

A. 启动　　B. 桌面　　C. 开始　　D. 打开

5. 操作 AutoCAD 2010 系统界面标题栏右侧的各个按钮，可控制窗口的最大化、最小化和（　　）。

A. 保持　　B. 等待　　C. 关闭　　D. 闪烁

6. AutoCAD 2010 的“AutoCAD 经典”工作空间共有（　　）个下拉菜单。

A. 8　　B. 10　　C. 12　　D. 20

7. AutoCAD 2010 的状态栏可分为应用程序和（　　）状态栏。

A. 形状　　B. 工具　　C. 图形　　D. 文本

8. AutoCAD 2010 的命令窗口是用户输入命令、（　　）以及 AutoCAD 系统提示的地方。

A. 图形　　B. 尺寸　　C. 数据　　D. 符号

9. AutoCAD 2010 的工具选项板是一种用来组织、共享和放置（　　）、图案填充及其他工具的有效方法。

A. 模板　　B. 数据　　C. 块　　D. 尺寸

10. AutoCAD 2010 中默认的工作空间有“二维草图与注释”　“AutoCAD 经典”和“（　　）”三种。

A. 共享　　B. 空间　　C. 三维建模　　D. 图形

11. AutoCAD 2010 工作空间的切换方式有命令方式、快捷按钮方式和（　　）方式。

A. 共享　　B. 空间　　C. 菜单　　D. 图形

12. 选择绘图工具，可以通过 AutoCAD 提供的命令方式、工具栏上相应按钮和（　　）方式三种操作方法进行。

A. 共享　　　　　B. 空间　　　　　C. 菜单　　　　　D. 图形

13. 用户以绝对坐标的形式输入一个点的时候，可以采用直角坐标、(　　)、球面坐标和柱面坐标的方式实现。

A. 极坐标　　　　B. 空间坐标　　　C. 任意坐标　　　D. 图形坐标

二、AutoCAD 2010 软件安装训练

1. 根据下列提示，完成 AutoCAD 2010 软件安装

提示：安装 AutoCAD 2010 过程中，程序会自动检测操作系统是 32 位还是 64 位版本，不能在 64 位版本的操作系统上安装 32 位版本的 AutoCAD。软件安装步骤如下：

步骤 1：运行安装程序

将 AutoCAD 2010 安装光盘放在光驱内，将自动运行 AutoCAD 2010 安装程序。在弹出的界面中，单击“安装产品”按钮。

步骤 2：选择安装产品

在 AutoCAD 2010 安装界面中，勾选“AutoCAD 2010”复选框，然后单击“下一步”按钮。

步骤 3：接受许可协议

在 AutoCAD 2010 安装界面中，“国家地区”设置为“China”，阅读许可协议后，选中“我接受”单选按钮，紧接着单击“下一步”按钮。

步骤 4：输入产品和用户信息

在 AutoCAD 2010 安装界面中，输入产品序列号及用户的姓氏、名字和组织等信息，然后单击“下一步”按钮。

步骤 5：查看配置文件

在 AutoCAD 2010 安装界面中，查看默认的配置安装信息，单击“配置”按钮，可以设置安装信息。

步骤 6：选择许可类型

在 AutoCAD 2010 安装界面中，选中“单机许可”单选按钮，单击“下一步”按钮。

步骤 7：选择安装类型

在 AutoCAD 2010 安装界面中，选中“典型”单选按钮，接着勾选“Express Tools”以及“材质库”复选框；设置安装路径，单击“下一步”按钮。

步骤 8：完成配置

安装配置设置完成后，在 AutoCAD 2010 安装界面单击“配置完成”按钮。

步骤 9：开始安装

单击“安装”按钮，将自动根据设置的安装配置运行安装程序。

步骤 10：安装组件

系统自动将 AutoCAD 2010 主程序及其他相关程序安装到指定的路径。

步骤 11：完成安装

经过等待，程序即可完成安装，并提示查看相关自述文件，然后单击“完成”按钮即可。

2. 根据下列提示，完成创建新的工作空间

提示：AutoCAD 2010 系统默认的工作空间包括三维建模、二维草图与注释和 AutoCAD

经典工作空间。在安装 AutoCAD 2010 时，可以创建初始工作空间，用户可以自定义工作空间。其步骤如下：

步骤 1：设置工作空间

在功能区中的“管理”选项卡下，单击“用户界面”按钮，弹出“自定义用户界面”编辑器，在所有自定义文件下面的列表中有系统设置的工作空间。

步骤 2：新建工作空间

在“工作空间”上右击鼠标，然后在弹出的快捷菜单中单击“新建工作空间”命令。

步骤 3：输入名称

在工作空间列表中新增加了一个文本框，在该文本框中输入新工作空间的名称。

步骤 4：自定义工作空间

在工作空间内容窗格中单击“自定义工作空间”按钮。

步骤 5：添加选项卡

在所有自定义文件下的列表中，显示了可以加载到当前工作空间的用户界面元素，每个界面元素下显示复选框，勾选复选框可以将这些界面元素添加到工作空间。

步骤 6：查看添加选项卡

在工作空间内容窗格中，查看功能区选项卡树状图中已添加的选项卡。

各种界面元素添加完成后，单击“完成”按钮。

第二节　AutoCAD 绘图实例

一、用 Auto CAD 绘制如下所示的工艺方块图

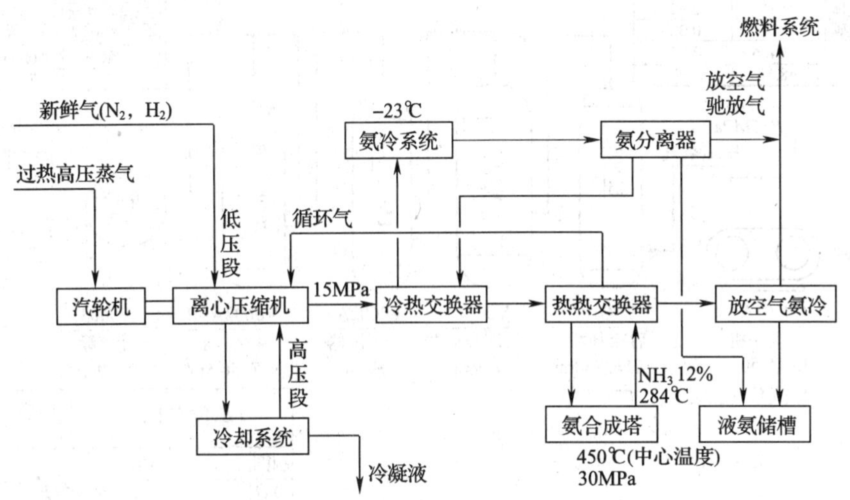

合成氨工艺方块图

二、试用 Auto CAD 绘制二甲苯、乙苯分离工艺方块图

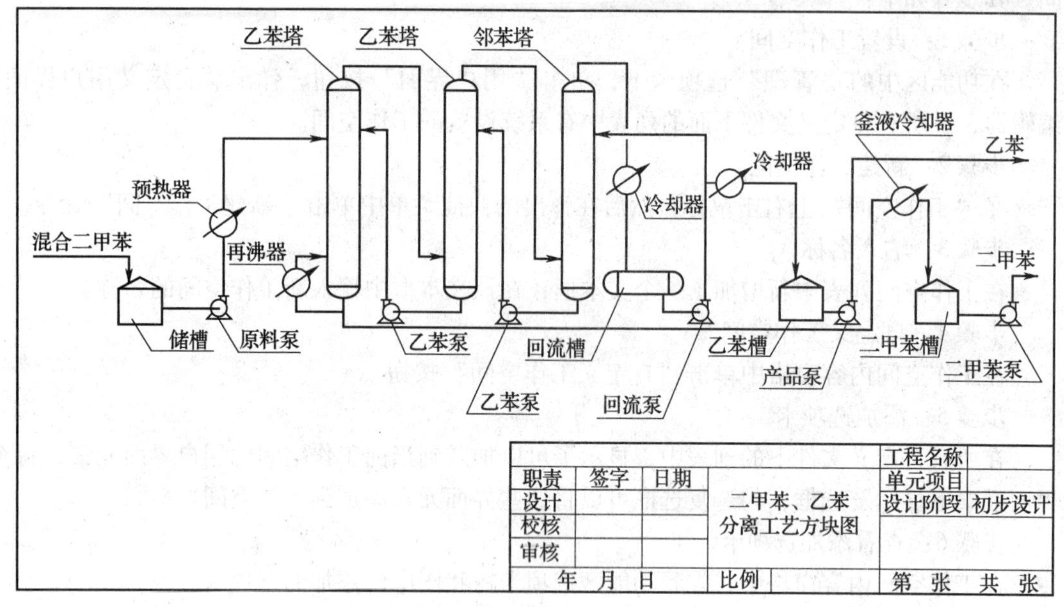

二甲苯、乙苯分离工艺方块图

三、试用 Auto CAD 绘制空压站 PFD 图

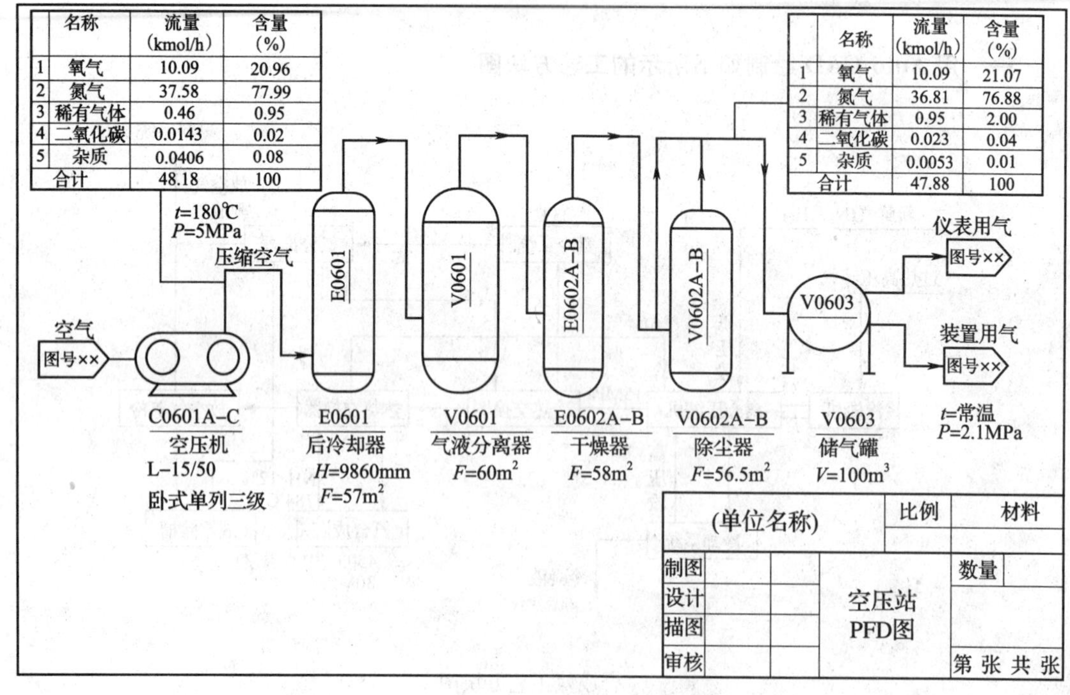

	名称	流量(kmol/h)	含量(%)
1	氧气	10.09	20.96
2	氮气	37.58	77.99
3	稀有气体	0.46	0.95
4	二氧化碳	0.0143	0.02
5	杂质	0.0406	0.08
	合计	48.18	100

	名称	流量(kmol/h)	含量(%)
1	氧气	10.09	21.07
2	氮气	36.81	76.88
3	稀有气体	0.95	2.00
4	二氧化碳	0.023	0.04
5	杂质	0.0053	0.01
	合计	47.88	100

空压站 PFD 图

四、试用 Auto CAD 绘制某工段 PID 图

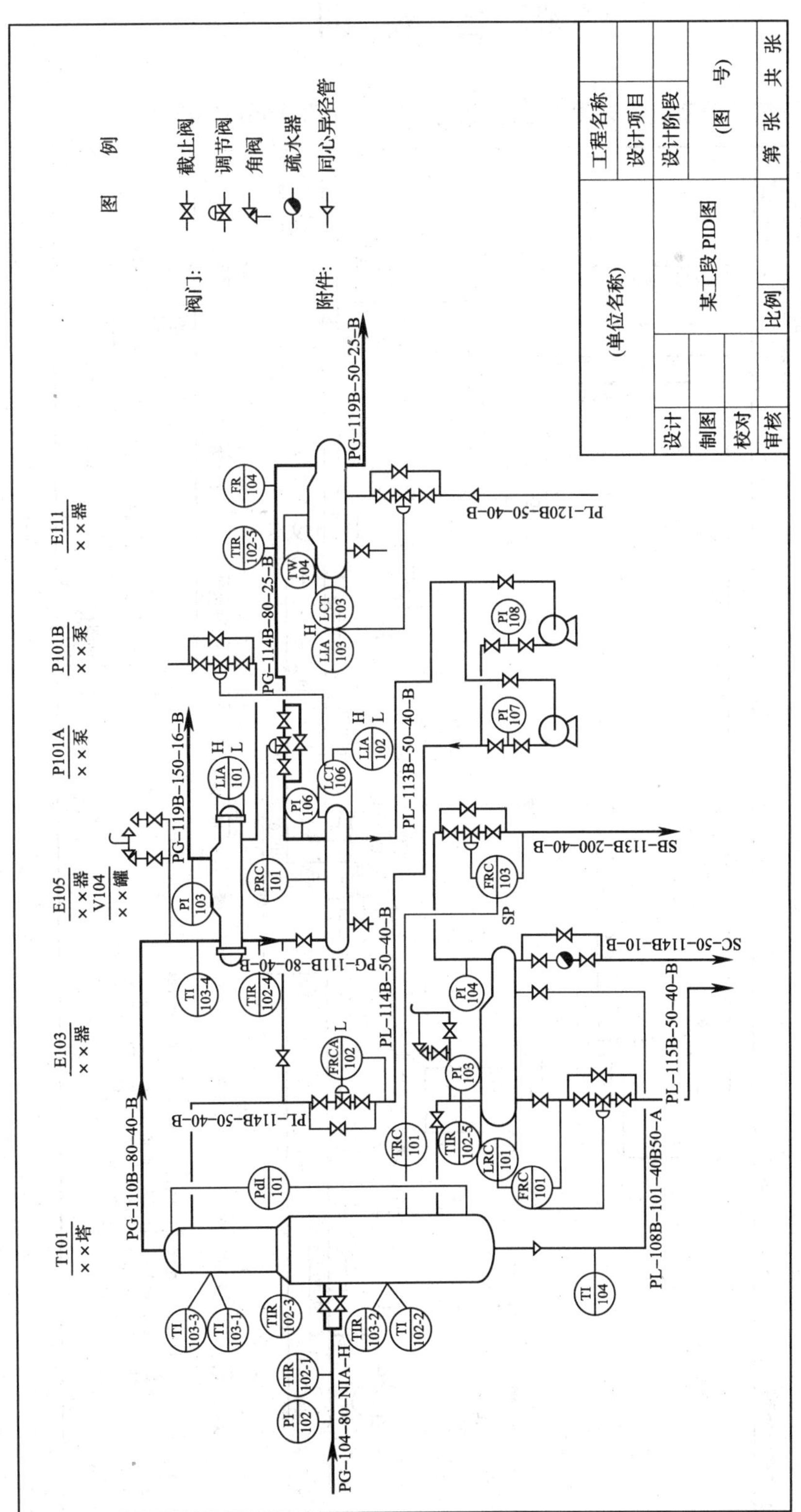

某工段 PID 图

综 合 实 训

一、读天然气脱硫系统工艺 PID 图，回答问题，并用 Auto CAD 绘制

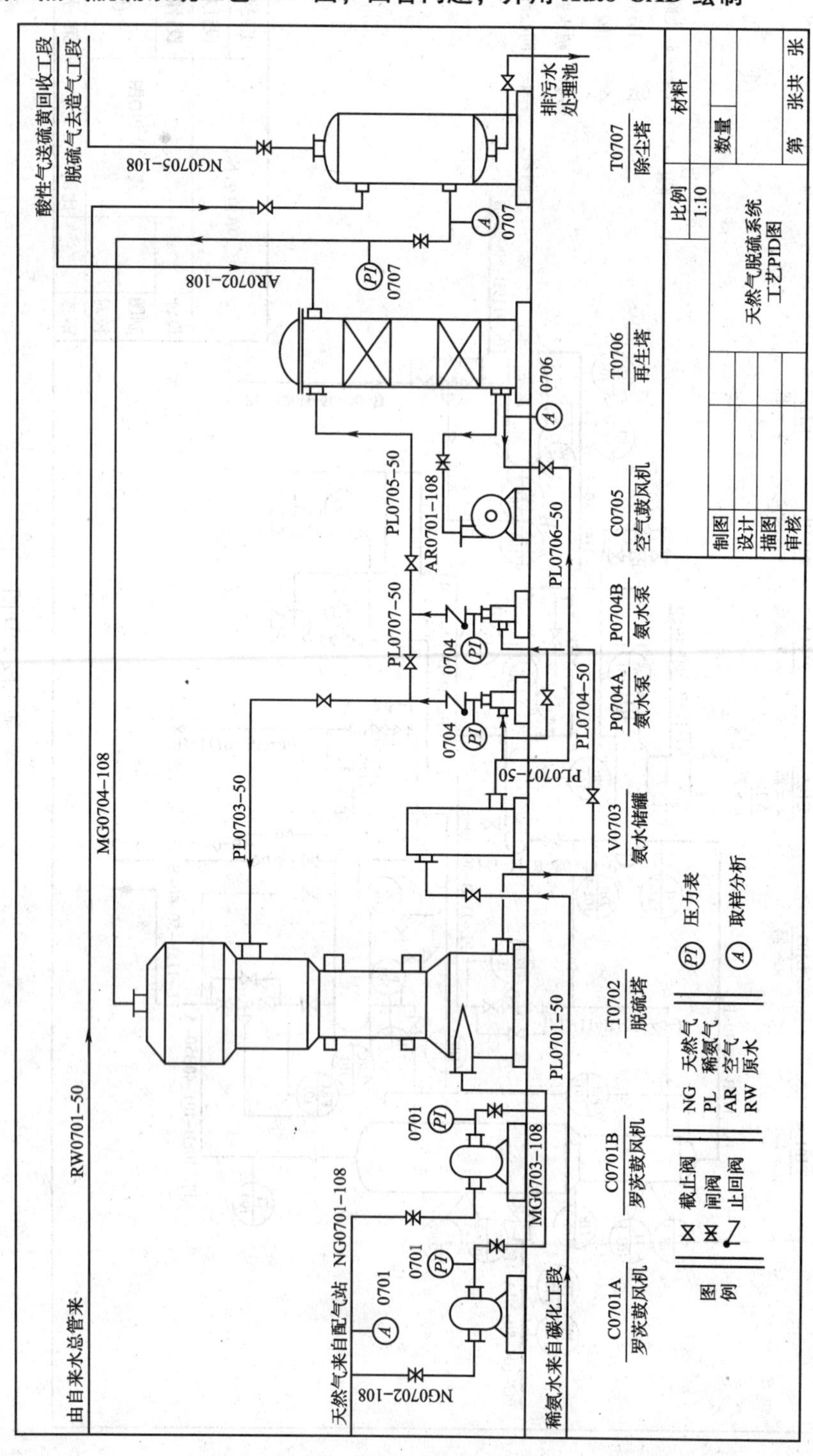

1. 从标题栏得知，该图名称为____图，图中有________台设备。

2. C0701A 的含义是____________，C0701B 的含义是________________，T0702 的含义是___________，V0703 的含义是_________________，P0704A 的含义是__________，P0704B 的含义是__________，C0705 的含义是_________________，T0706 的含义是_______________，T0707 的含义是________________。

3. 主要物料工艺流程：天然气配气站来的原料（天然气），经______________从脱硫塔底部进入，在塔内与氨水气液两相逆流接触，天然气中的有害物质硫化氢经过化学吸收过程，被氨水吸收脱出。然后进入____________，在塔中经水洗除尘，由塔顶分馏出，脱硫气送造气工段使用 。

4. 其他物料工艺流程：由碳化工段来的稀氨水进入氨水储罐，由________________抽出后，从脱硫塔__________部打入。从脱硫塔底部出来的废氨水，经______________ 抽出，打入再生塔，在塔中与新鲜空气逆流接触，空气吸收废氨水中的硫化氢后，余下的酸性气去硫黄回收工段。从再生塔底部出来的再生氨水，由____________ 打入脱硫塔，循环使用。

5. 整个系统流动介质的动力靠罗茨鼓风机提供，罗茨鼓风机为____ 台并联（工作时一台备用）。

6. 空气鼓风机的作用是从再生塔下部送新鲜空气，将稀氨水里的含硫气体除去，通过管道将酸性气体送到硫黄回收工段。脱硫系统有____个截止阀、______个闸阀、________个止回阀。

二、用 Auto CAD 绘制如下所示的反应釜设备图

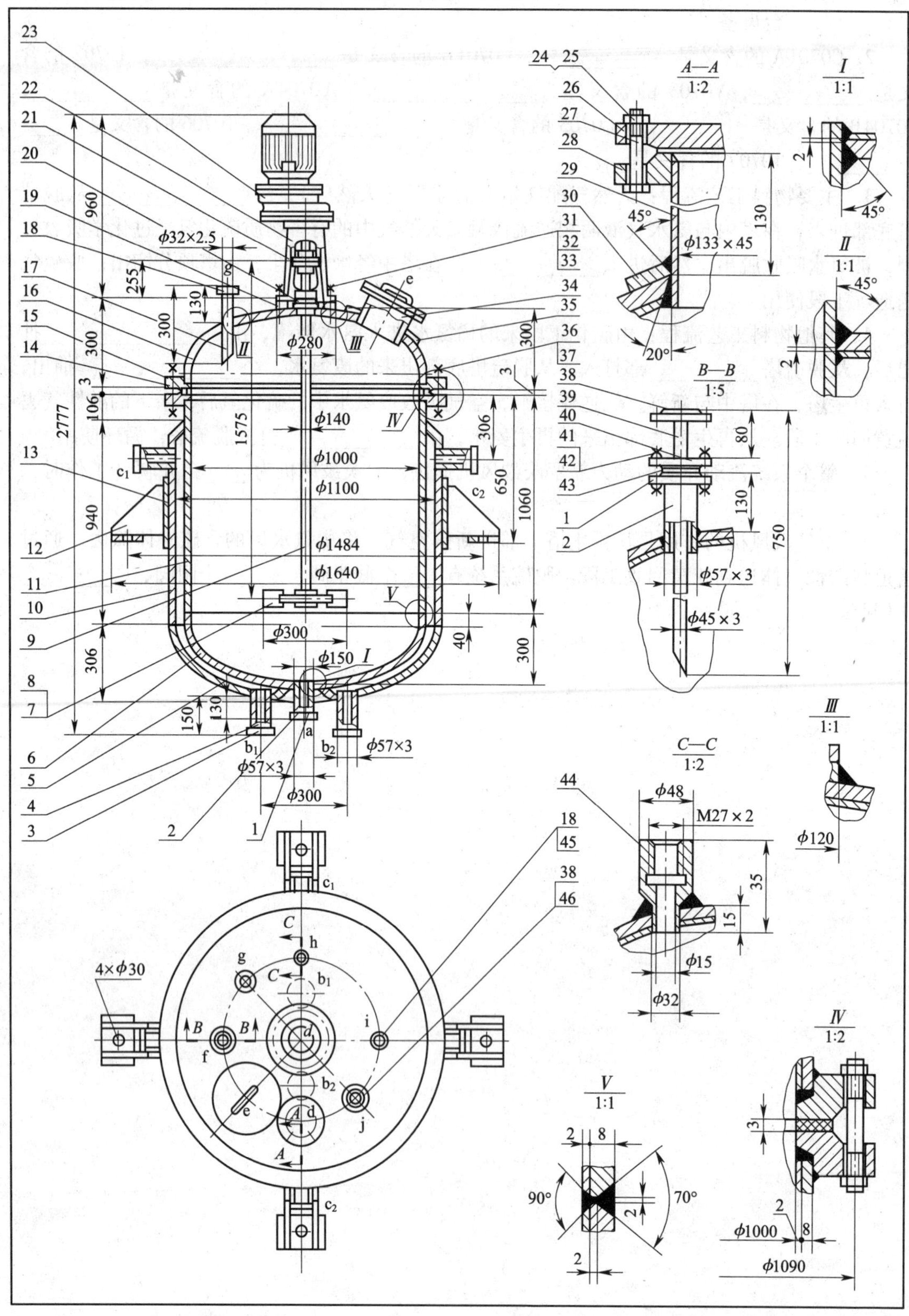

技术要求

1. 本设备的釜体用不锈复合钢板制造，复层材料为1Cr18Ni9Ti，厚度为2。

2. 焊缝结构除有图示的以外，其他均符合GB/T985.4—2008《复合钢的推荐坡口》的规定，对接接头采用V形坡口，T形接头采用三角形坡口，法兰焊接应符合相应标准。

3. 焊条的选用：碳钢焊接采用E4303焊条，不锈钢焊接、不锈钢与碳钢焊接采用E1-23-160焊条。

4. 釜体与夹套的焊缝应作超声波探伤和X光检验，其焊缝质量应符合有关规定，夹套内应做0.5MPa水压试验。

5. 设备组装后应试运转，搅拌轴转动轻便自如，不应有不正常的噪声和圈套振动等不良现象，搅拌轴下端的径向摆动量不大于0.75。

6. 釜体复层内表面应作酸洗钝化处理。釜体外表面涂红色酚醛底漆，并用80厚软木作保冷层。

7. 安装所用的地脚螺栓直径为M24。

技术特性表

内容	釜内	夹套内
工作压力 (MPa)	常压	0.3
工作温度 (℃)	40	−15
换热面积 (m^2)	4	
容积 (m^3)	1	
电动机型号及功率	$Y100L_1$-4，2.2kW	
搅拌轴转速 (r/min)	200	
物料名称	酸、碱溶液	冷冻盐水

管口表

符号	公称尺寸	连接尺寸及标准	连接面形式	用途或名称
a	50	JB/T81-94	平面	出料口
$b_{1,2}$	50	JB/T81-94	平面	盐水进口
$c_{1,2}$	50	JB/T81-94	平面	盐水出口
d	125	JB/T81-94	平面	检测口
e	150	HG/T 21528-2005		手孔
f	50	JB/T81-94	平面	酸液进口
g	25	JB/T81-94	平面	碱液进口
h		M27×2	螺纹	温度计口
i	25	JB/T81-94	平面	放空口
j	40	JB/T81-94	平面	备用口

序号	标准号	名称	数量	材料	备注
46	JB/T81-94	接管 $\phi 45\times3$	1	1Cr18Ni9Ti	l=145
45	JB/T81-94	接管 $\phi 32\times2.5$	1	1Cr18Ni9Ti	l=145
44		接口 M27×2	1	1Cr18Ni9Ti	
43	JB/T87-94	垫片 50-2.5	1	石棉橡胶板	
42	GB/T6170-2000	螺母 M12	8		
41	GB/T5782-2000	螺栓 M12×45	8		
40		法兰盖 50-2.5	1	1Cr18Ni9Ti	钻孔 $\phi 46$
39	JB/T81-94	接管 $\phi 45\times3$	1	1Cr18Ni9Ti	l=750
38	JB/T81-94	法兰 40-2.5	2	1Cr18Ni9Ti	
37	GB/T6170-2000	螺母 M20	36		
36	GB/T5782-2000	螺栓 M20×110	36		
35	JB/T4736-2002	补强圈 DN150×8	1	Q235A	
34	HG/T21528—2005	手孔 A PN1 DN150	1	1Cr18Ni9Ti	
33		垫圈 12	6		
32	GB/T6170-2000	螺母 M12	6		
31	GB/T898-1988	螺柱 M12×35	6		
30	JB/T4736-2002	补强圈 DN125×8-C	1	Q235A	
29	JB/T81-94	接管 133×4.5	1	1Cr18Ni9Ti	l=145
28	JB/T81-94	法兰 120-2.5	1	Q235A	
27	GB/T97.1-2002	垫片 120-2.5	1	石棉橡胶板	
26		法兰盖 120-2.5	1	1Cr18Ni9Ti	
25	GB/T6170-2000	螺母 M16	8		
24	GB/T5782-2000	螺栓 M16×65	8		
23		减速器 LJC-250-23	1		
22		机架	1	Q235A	
21		联轴器	1		
20		填料箱 DN40	1		组合件
19		底座	1	Q235A	组合件
18	JB/T81-94	法兰 25-2.5	2	1Cr18Ni9Ti	
17	JB/T81-94	接管 32×2.5	1	1Cr18Ni9Ti	
16	JB/T4746-2002	椭圆封头 DN100×10	1	1Cr18Ni9Ti(里)	Q235(外)
15	JB/T4702-2000	法兰 C-P Ⅲ 1000-2.5	2	1Cr18Ni9Ti(里)	Q235(外)
14	JB/T4704-2000	垫片 1000-2.5	1	石棉橡胶板	
13		垫板 280×180	4	Q235A	l=10
12		耳座 AN3	4	Q235AF	
11		釜体 DN1000×10	1	1Cr18Ni9Ti(里)	
10		夹套 DN1000×10	1	Q235A	l=970
9		轴 $\phi 40$	1	1Cr18Ni9Ti	
8	GB/T1096-2003	键 12×45	1	1Cr18Ni9Ti	
7		搅拌器 300-40	1	1Cr18Ni9Ti	
6	JB/T4746-2002	椭圆封头 DN100×10	1	1Cr18Ni9Ti(里)	Q235(外)
5	JB/T4746-2002	椭圆封头 DN100×10	1	Q235A	
4	JB/T81-94	接管 $\phi 57\times3$	4	10	l=155
3	JB/T81-94	法兰 50-2.5	4	Q235A	
2	JB/T81-94	接管 $\phi 57\times3$	2	1Cr18Ni9Ti	l=145
1	JB/T81-94	法兰 50-2.5	2	1Cr18Ni9Ti	

			比 例	材 料
			1 : 10	
制图			反应釜	质量 1100kg
设计			DN1000	S55-3-31
审核			V_N = 1m^3	第 张 共 张

三、用 Auto CAD 绘制如下所示的储罐设备图

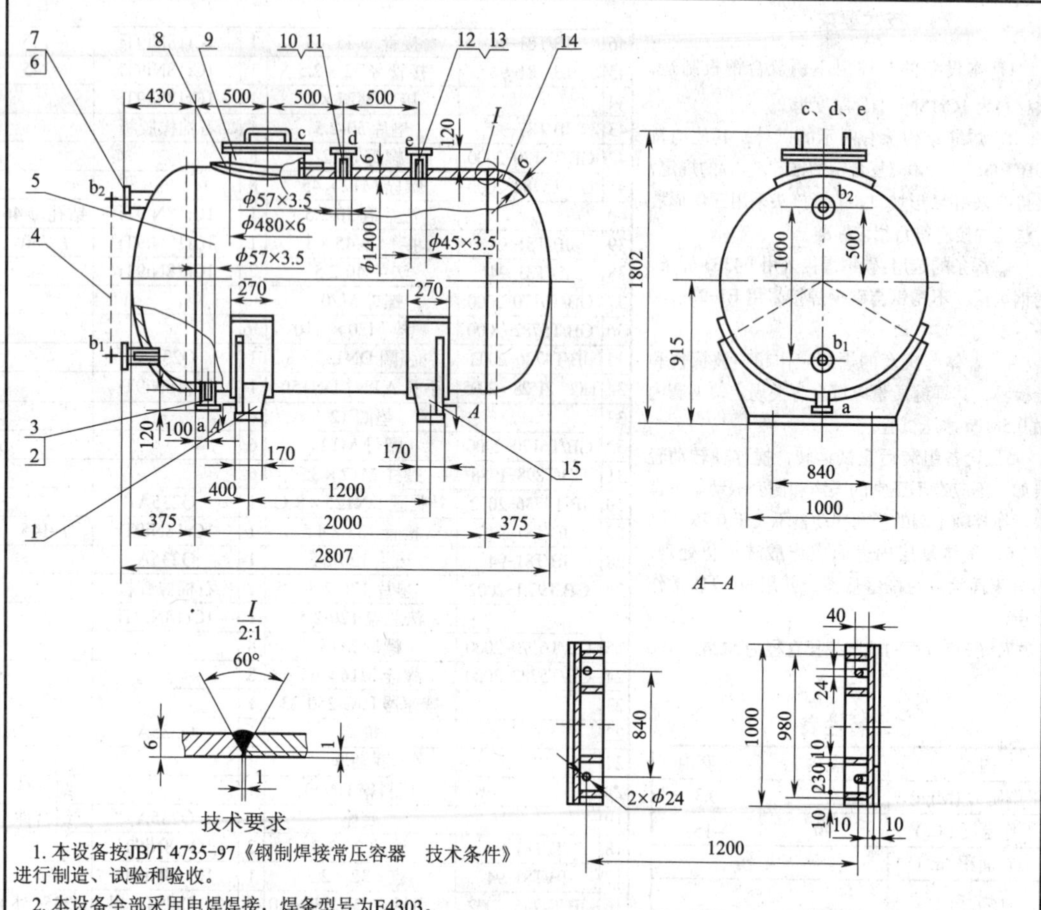

技术要求

1. 本设备按JB/T 4735-97《钢制焊接常压容器　技术条件》进行制造、试验和验收。
2. 本设备全部采用电焊焊接，焊条型号为E4303。
3. 焊接接头形式及尺寸符合GB/T 985.1—2008《气焊、焊条电弧焊、气体保护焊和高能束焊的推荐坡口》的相关规定，法兰焊接符合相应标准。
4. 设备制成后，做0.15MPa的水压试验。
5. 表面涂铁红色酚醛底漆。

技术特性表

工作压力(MPa)	常压	工作温度(℃)	20~60
设计压力(MPa)		设计温度(℃)	
物料名称			
焊缝系数		腐蚀裕度(mm)	0.5
容器类别		容积(m^3)	3

管口表

符号	公称尺寸	连接尺寸及标准	连接面形式	用途或名称
a	50	HG 20592~20635—2009	平面	出料口
$b_{1,2}$	50	HG 20592~20635—2009	平面	液面计接口
c	450	HG 21595—1999		人孔
d	50	HG 20592~20635—2009	平面	进料口
e	40	HG 20592~20635—2009	平面	排气口

序号	标准号	名称及规格	数量	材料	备注
15	JB/T4712—1992	鞍座DN1400-S	1	Q235AF	
14	JB/T4737—1995	椭圆封头DN1400×6	2	Q235AF	
13		接管$\phi 45\times3.5$	1	10	l=130
12	HG 20592~20635—2009	法兰40-2.5	1	Q235A	
11		接管$\phi 57\times3.5$	1	10	l=130
10	HG 20592~20635—2009	法兰50-25	1	Q235A	
9	HG 21595—1999	人孔DN450	1	Q235AF	
8	JB/T4736—1995	补强圈DN450×6-A	1	Q235B	
7		接管$\phi 18\times3$	2	10	
6	HG 20592~20635—2009	法兰15-1.6	2	10	
5		筒体DN1400×6	1	Q235A	H=2000
4	HG21607—96	液面计R6-1	1		l=1000
3		接管$\phi 57\times3.5$	1	10	l=125
2	HG 20592~20635—2009	法兰50-2.5	1	Q235A	
1	JB/T4712—1992	鞍座DN1400-F	1	Q235AF	

		比例	材料
		1∶5	
制图	储罐 ϕ1400 V_N=3.9m^3	质量	
设计			
描图			
审核		第 张 共 张	